高校
数学Ⅱをひとつひとつわかりやすく。

Gakken

まえがき

みなさんの中に
「数学の問題が解けない。」
「数字がたくさん並んでいて,どうすれば良いかわからない」
と悩んでいる人はいませんか。

問題を解くにあたって,
「なにから始めたらいいの？」
「この計算で必要な定理や公式は？」
などと感じたことはありませんか。

「高校 数学Ⅱをひとつひとつわかりやすく。」を使って学習していけば,数学Ⅱの基礎的な内容を確認することができます。また,この本で用いる計算やグラフに,それほど複雑なものはありません。教科書の内容をひとつひとつていねいに解説してありますし,問題が穴埋めになっていますので,ひとりで学習することができます。それをくりかえすことで,最終的に,問題を解く"力"を身につけることができます。

数学Ⅱを学習する上では,記号の意味を考え,自分の手を動かして計算し,図をかいてみたりして,自分なりに考えることが大切です。

この本は,「いろいろな式」「図形と方程式」「三角関数」「指数関数と対数関数」「微分と積分」の5章からできており,問題を解くことをとおして,定理や公式を理解し,身につくように説明しています。

この本で学習することによって,ひとりでも多くの人に,自学自習の習慣を身につけ,わかる喜びを感じてもらえたら,うれしく思います。

著者

もくじ

1章 いろいろな式

- 01 3次式を展開しよう
  3次式の計算① ……… 006
- 02 3次の因数分解を解こう
  3次式の計算② ……… 008
- 03 整式を整式で割る計算
  整式の除法 ……… 010
- 04 分数式のかけ算と割り算
  分数式① ……… 012
- 05 分数式の足し算と引き算
  分数式② ……… 014
- 06 二項定理を計算しよう
  二項定理 ……… 016
- 07 恒等式を計算しよう
  恒等式 ……… 018
- 08 等式を証明しよう
  等式と不等式の証明① ……… 020
- 09 不等式を証明しよう
  等式と不等式の証明② ……… 022
- 10 相加平均と相乗平均
  相加平均と相乗平均 ……… 024
- 11 複素数とは?
  複素数 ……… 026
- 12 複素数の計算をしよう
  複素数の計算 ……… 028
- 13 2次方程式の解と判別式
  解と判別式 ……… 030
- 14 2次方程式の解と係数の関係
  解と係数の関係① ……… 032
- 15 2次式の因数分解
  解と係数の関係② ……… 034
- 16 剰余の定理と因数定理
  剰余の定理と因数定理 ……… 036
- 17 高次方程式を解こう
  n次方程式 ……… 038
- センター試験にチャレンジ ……… 040

2章 図形と方程式

- 18 数直線上の2点間の距離
  直線上にある点① ……… 042
- 19 数直線上の内分点・外分点
  直線上にある点② ……… 044
- 20 座標平面上の2点間の距離
  平面上にある点① ……… 046
- 21 座標平面上の内分点・外分点
  平面上にある点② ……… 048
- 22 座標平面上の三角形の重心
  平面上にある点③ ……… 050
- 23 直線の方程式を求めよう
  直線の方程式 ……… 052
- 24 2直線の平行・垂直
  2直線の関係① ……… 054
- 25 点と直線の距離
  2直線の関係② ……… 056
- 26 円の方程式を求めよう
  円の方程式① ……… 058
- 27 $x^2+y^2+\ell x+my+n=0$ の図形
  円の方程式② ……… 060
- 28 円と直線の共有点の個数
  円と直線① ……… 062
- 29 円の接線を求めよう
  円と直線② ……… 064
- 30 軌跡を求めよう
  軌跡と方程式 ……… 066
- 31 不等式の表す領域とは?
  不等式の表す領域① ……… 068
- 32 連立不等式の表す領域とは?
  不等式の表す領域② ……… 070
- センター試験にチャレンジ ……… 072

3章 三角関数

- 33 一般角を弧度法で表そう
  一般角と弧度法 ……… 074
- 34 一般角の三角関数
  三角関数① ……… 076
- 35 三角関数の相互関係
  三角関数② ……… 078
- 36 三角関数の性質
  三角関数③ ……… 080
- 37 $y=\sin\theta$ と $y=\cos\theta$ のグラフを求めよう
  三角関数のグラフ① ……… 082
- 38 いろいろな三角関数のグラフ
  三角関数のグラフ② ……… 084
- 39 三角関数を含む方程式・不等式
  三角関数を含む方程式・不等式 ……… 086
- 40 三角関数の足し算
  三角関数の加法定理 ……… 088
- 41 2倍角・半角の公式
  加法定理の応用 ……… 090
- 42 三角関数の合成
  三角関数の合成 ……… 092
- センター試験にチャレンジ ……… 094

4章　指数関数と対数関数

43 整数の指数を計算しよう
　　　指数① ……………………… 096

44 累乗根とは?
　　　指数② ……………………… 098

45 有理数の指数
　　　指数③ ……………………… 100

46 指数関数のグラフを求めよう
　　　指数関数① ……………… 102

47 指数関数を含む方程式・不等式
　　　指数関数② ……………… 104

48 対数とは?
　　　対数① ……………………… 106

49 対数の性質
　　　対数② ……………………… 108

50 対数関数のグラフ
　　　対数関数① ……………… 110

51 対数関数を含む方程式・不等式
　　　対数関数② ……………… 112

52 常用対数とは?
　　　常用対数 ………………… 114

　　　センター試験にチャレンジ ……… 116

5章　微分と積分

53 平均変化率と微分係数を求めよう
　　　微分係数 ………………… 118

54 導関数とは?
　　　導関数① ………………… 120

55 導関数を計算しよう
　　　導関数② ………………… 122

56 接線の方程式
　　　導関数の応用① ……… 124

57 関数の値の増加と減少を求めよう
　　　導関数の応用② ……… 126

58 関数の極大と極小を求めよう
　　　導関数の応用③ ……… 128

59 関数の最大と最小を求めよう
　　　導関数の応用④ ……… 130

60 方程式・不等式への応用
　　　方程式・不等式への応用 ……… 132

61 不定積分を求めよう
　　　不定積分 ………………… 134

62 定積分の計算をしよう
　　　定積分 …………………… 136

63 微分と定積分
　　　微分と定積分 …………… 138

64 曲線とx軸に囲まれた部分の面積
　　　面積① …………………… 140

65 2つの曲線に囲まれた部分の面積
　　　面積② …………………… 142

　　　センター試験にチャレンジ ……… 144

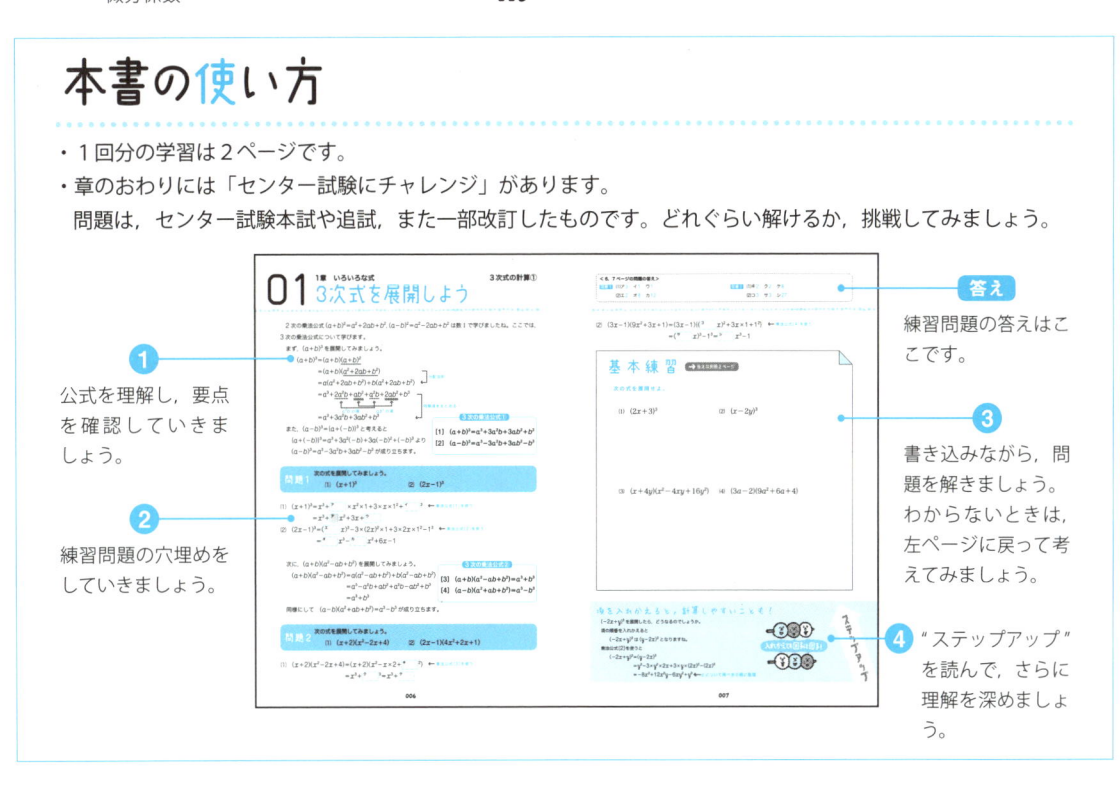

本書の使い方

- 1回分の学習は2ページです。
- 章のおわりには「センター試験にチャレンジ」があります。
  問題は，センター試験本試や追試，また一部改訂したものです。どれぐらい解けるか，挑戦してみましょう。

❶ 公式を理解し，要点を確認していきましょう。

❷ 練習問題の穴埋めをしていきましょう。

❸ 書き込みながら，問題を解きましょう。わからないときは，左ページに戻って考えてみましょう。

❹ "ステップアップ"を読んで，さらに理解を深めましょう。

答え 練習問題の答えはここです。

01 3次式を展開しよう

1章 いろいろな式　　3次式の計算①

2次の乗法公式 $(a+b)^2=a^2+2ab+b^2$, $(a-b)^2=a^2-2ab+b^2$ は数Ⅰで学びましたね。ここでは，3次の乗法公式について学びます。

まず，$(a+b)^3$ を展開してみましょう。

$$\begin{aligned}(a+b)^3 &= (a+b)\underline{(a+b)^2}\\ &= (a+b)(a^2+2ab+b^2)\\ &= a(a^2+2ab+b^2)+b(a^2+2ab+b^2) \quad \leftarrow \text{分配法則}\\ &= a^3+\underline{2a^2b}+\underline{\underline{ab^2}}+\underline{a^2b}+\underline{\underline{2ab^2}}+b^3\\ &= a^3+3a^2b+3ab^2+b^3\end{aligned}$$

a^2b の項　　ab^2 の項　　同類項をまとめる

また，$(a-b)^3=\{a+(-b)\}^3$ と考えると
　$\{a+(-b)\}^3=a^3+3a^2(-b)+3a(-b)^2+(-b)^3$ より
　$(a-b)^3=a^3-3a^2b+3ab^2-b^3$ が成り立ちます。

3次の乗法公式①

[1] $(a+b)^3=a^3+3a^2b+3ab^2+b^3$
[2] $(a-b)^3=a^3-3a^2b+3ab^2-b^3$

問題1　次の式を展開してみましょう。
　(1) $(x+1)^3$　　(2) $(2x-1)^3$

(1) $(x+1)^3 = x^3 + \boxed{ア} \times x^2 \times 1 + 3 \times x \times 1^2 + \boxed{イ}^3$　← 乗法公式[1]を使う
　　　　　　$= x^3 + \boxed{ア} x^2 + 3x + \boxed{ウ}$

(2) $(2x-1)^3 = (\boxed{エ} x)^3 - 3 \times (2x)^2 \times 1 + 3 \times 2x \times 1^2 - 1^3$　← 乗法公式[2]を使う
　　　　　　　$= \boxed{オ} x^3 - \boxed{カ} x^2 + 6x - 1$

次に，$(a+b)(a^2-ab+b^2)$ を展開してみましょう。

$$\begin{aligned}(a+b)(a^2-ab+b^2) &= a(a^2-ab+b^2)+b(a^2-ab+b^2)\\ &= a^3-a^2b+ab^2+a^2b-ab^2+b^3\\ &= a^3+b^3\end{aligned}$$

同様にして　$(a-b)(a^2+ab+b^2)=a^3-b^3$ が成り立ちます。

3次の乗法公式②

[3] $(a+b)(a^2-ab+b^2)=a^3+b^3$
[4] $(a-b)(a^2+ab+b^2)=a^3-b^3$

問題2　次の式を展開してみましょう。
　(1) $(x+2)(x^2-2x+4)$　　(2) $(3x-1)(9x^2+3x+1)$

(1) $(x+2)(x^2-2x+4) = (x+2)(x^2-x \times 2 + \boxed{キ}^2)$　← 乗法公式[3]を使う
　　　　　　　　　　$= x^3 + \boxed{ク}^3 = x^3 + \boxed{ケ}$

<　6，7ページの問題の答え＞

問題1 (1) ア 3 イ 1 ウ 1
       (2) エ 2 オ 8 カ 12

問題2 (1) キ 2 ク 2 ケ 8
       (2) コ 3 サ 3 シ 27

(2)　$(3x-1)(9x^2+3x+1)=(3x-1)\{(\boxed{コ}x)^2+3x\times1+1^2\}$　← 乗法公式[4]を使う

　　　　　　　　　　　　$=(\boxed{サ}x)^3-1^3=\boxed{シ}x^3-1$

基本練習　→ 答えは別冊2ページ

次の式を展開せよ。

(1)　$(2x+3)^3$

(2)　$(x-2y)^3$

(3)　$(x+4y)(x^2-4xy+16y^2)$

(4)　$(3a-2)(9a^2+6a+4)$

項を入れかえると，計算しやすいことも！

$(-2x+y)^3$ を展開したら，どうなるのでしょうか。

項の順番を入れかえると
　　$(-2x+y)^3$ は $(y-2x)^3$ となりますね。

乗法公式[2]を使うと
　　$(-2x+y)^3=(y-2x)^3$
　　　　　　　$=y^3-3\times y^2\times2x+3\times y\times(2x)^2-(2x)^3$
　　　　　　　$=-8x^3+12x^2y-6xy^2+y^3$　← x について降べきの順に整理

入れかえても団子は団子！

ステップアップ

02 3次の因数分解を解こう

1章　いろいろな式　　3次式の計算②

因数分解は展開の逆の操作でしたね。
3次の乗法公式[3][4]（→P.6）の左辺と右辺を入れかえると右の3次式の因数分解の公式になります。

> **3次式の因数分解の公式**
> [1]　$a^3+b^3=(a+b)(a^2-ab+b^2)$
> [2]　$a^3-b^3=(a-b)(a^2+ab+b^2)$

問題1　次の式を因数分解してみましょう。
(1) x^3+1　　(2) $27x^3-y^3$

(1) $x^3+1 = x^3+\boxed{\text{ア}}^3$
　　　$=(x+\boxed{\text{イ}})(x^2-x\times\boxed{\text{ウ}}+\boxed{\text{エ}}^2)$
　　　$=(x+1)(x^2-x+\boxed{\text{オ}})$

　　→ 3次式の因数分解の公式[1]を使う

(2) $27x^3-y^3 = (\boxed{\text{カ}}x)^3-y^3$
　　　$=(\boxed{\text{キ}}x-y)\{(\boxed{\text{ク}}x)^2+\boxed{\text{ケ}}x\times y+y^2\}$
　　　$=(3x-y)(\boxed{\text{コ}}x^2+3xy+y^2)$

　　→ 3次式の因数分解の公式[2]を使う

整式の各項に共通な因数があるとき，その共通な因数をくくり出して，右のように整式を因数分解することができましたね。

$ax+ay=a(x+y)$
共通因数　　aをくくり出す

問題2　次の式を因数分解してみましょう。
(1) $2x^3+54$　　(2) $24x^3-3y^3$

因数分解の公式を使う前に，各項の共通因数をくくり出します。

(1) $2x^3+54 = 2\times x^3+2\times\boxed{\text{サ}}$
　　　$=2(x^3+\boxed{\text{シ}}^3)$
　　　$=2(x+\boxed{\text{ス}})(x^2-x\times\boxed{\text{セ}}+3^2)$
　　　$=2(x+3)(x^2-3x+\boxed{\text{ソ}})$

　　→ 共通因数をくくり出す
　　→ 因数分解の公式[1]を使う

(2) $24x^3-3y^3 = 3\times\boxed{\text{タ}}x^3-3\times y^3$
　　　$=3\{(\boxed{\text{チ}}x)^3-y^3\}$
　　　$=3(2x-y)\{(\boxed{\text{ツ}}x)^2+\boxed{\text{テ}}x\times y+y^2\}$
　　　$=3(2x-y)(\boxed{\text{ト}}x^2+2xy+y^2)$

　　→ 共通因数をくくり出す
　　→ 因数分解の公式[2]を使う

<8ページの問題の答え>

問題1 (1)ア1 イ1 ウ1 エ1 オ1
(2)カ3 キ3 ク3 ケ3 コ9

問題2 (1)サ27 シ3 ス3 セ3 ソ9
(2)タ8 チ2 ツ2 テ2 ト4

基本練習 → 答えは別冊2ページ

次の式を因数分解せよ。

(1) $8x^3+1$

(2) x^3-125y^3

(3) $81x^3+3$

(4) ax^3-8ay^3

x^6-1を因数分解してみよう

$x^6=(x^3)^2$ であるから，$x^3=A$ とおくと，$x^6-1=A^2-1$ と表せますね。

$x^3=A$ とおくと，$x^6-1=A^2-1$
$=(A+1)(A-1)$
$=(x^3+1)(x^3-1)$ ← A を x^3 にもどす
$=(x+1)(x^2-x+1)(x-1)(x^2+x+1)$ ← 因数分解の公式 [1][2] を使う
$=(x+1)(x-1)(x^2-x+1)(x^2+x+1)$

ステップアップ

03 整式を整式で割る計算

1章 いろいろな式　　　　　　　　　　　　　整式の除法

整数の割り算で，485 を 23 で割ると，商が 21 で余りが 2 となります。

$$485 \div 23 = 21 \cdots 2$$

このとき　$485 = 23 \times 21 + 2$　と表すことができます。
　　　　　　↑　　　↑　　↑　　↑
　　　　割られる数 割る数 商　余り

```
     21 …… 商
23)485
    46   ← 23×2
    25
    23   ← 23×1
     2 …… 余り
```

同じようにして，整式を整式で割る計算を考えてみましょう。

$A = 2x^2 + 7x + 8$，$B = x + 2$　のとき，A を B で割る計算は次のようになります。

① x をかけて $2x^2$ となる式を考えます。　　② 次に，x をかけて $3x$ となる式を考えます。

$$\begin{array}{r} 2x \\ x+2 \overline{\smash{)} 2x^2+7x+8} \\ \underline{2x^2+4x} \\ 3x+8 \end{array} \qquad \begin{array}{r} 2x+3 \\ x+2 \overline{\smash{)} 2x^2+7x+8} \\ \underline{2x^2+4x} \\ 3x+8 \\ \underline{3x+6} \\ 2 \end{array}$$

最後に残った $\underline{2}$ は，割る式 $\underline{x+2}$ よりも次数が低いので，これ以上計算を続けることはできません。
　　　　　　　　　　　　　　　　　　x の個数

このとき，$2x^2 + 7x + 8$ を $x + 2$ で割ったときの<u>商</u>は $\underline{2x+3}$，<u>余り</u>は $\underline{2}$ であるといいます。この割り算の結果は　$2x^2 + 7x + 8 = (x+2)(2x+3) + 2$　と表せますから
　　　　　　　　　　　　　　↑　　　　　↑　　　　↑　　↑
　　　　　　　　　　　　割られる式　 割る式　　商　　余り

　　$A = B \times (2x+3) + 2$　が成り立ちます。

一般に，整式 A を整式 B で割ったときの商を Q，余りを R とすると，次の式が成り立ちます。

特に，$R = 0$ のときは，$A = BQ$ となり，A は B で<u>割り切れる</u>といいます。

> **商と余り**
> $A = BQ + R$　（R の次数）＜（B の次数）

問題 1 整式 $A = 2x^3 - 5x^2 + 7$ を整式 $B = 2x - 1$ で割ったときの商と余りを求めましょう。

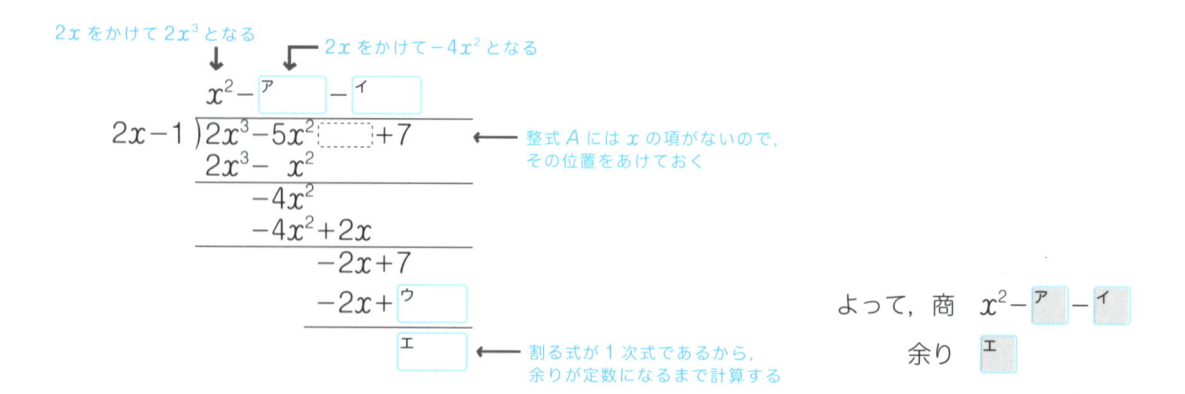

$2x$ をかけて $2x^3$ となる　　$2x$ をかけて $-4x^2$ となる

$$\begin{array}{r} x^2 - \boxed{ア} - \boxed{イ} \\ 2x-1 \overline{\smash{)} 2x^3 - 5x^2 + 7} \\ \underline{2x^3 - x^2 } \\ -4x^2 \\ \underline{-4x^2 + 2x } \\ -2x + 7 \\ \underline{-2x + \boxed{ウ}} \\ \boxed{エ} \end{array}$$

← 整式 A には x の項がないので，その位置をあけておく

← 割る式が 1 次式であるから，余りが定数になるまで計算する

よって，商　$x^2 - \boxed{ア} - \boxed{イ}$
　　　余り　$\boxed{エ}$

<10ページの問題の答え>
問題1　ア $2x$　イ 1　ウ 1　エ 6

基本練習　→答えは別冊2ページ

次の整式 A を整式 B で割ったときの商と余りを求めよ。

(1) $A = 4x^2 - 8x + 7$, $B = 2x - 3$

(2) $A = 2x^3 - 5x + 1$, $B = x - 2$

割られる式を求めよう

整式 A を整式 $3x-1$ で割ると，商が $x-2$，余りが 3 であるときの整式 A を求めましょう。

(割られる式) = (割る式) × (商) + (余り)　であるから

$A = (3x-1)(x-2) + 3$
$= [3x^2 + \{3 \times (-2) - 1\}x + 2] + 3$
$= (3x^2 - 7x + 2) + 3$
$= 3x^2 - 7x + 5$　　よって　$A = 3x^2 - 7x + 5$

ワラレルシキって呪文みたいじゃない？

ステップアップ

04 分数式のかけ算と割り算

1章 いろいろな式　　　　　分数式①

$\dfrac{2}{x}$, $\dfrac{x^2+1}{x^2-1}$ のように，整式 A と定数でない整式 B について，$\dfrac{A}{B}$ の形の式を**分数式**といい，A を分子，B を分母といいます。また，整式と分数式を合わせて**有理式**といいます。

分数式では，分数と同じように，次の式が成り立ちます。

$$\dfrac{A}{B}=\dfrac{A\times C}{B\times C},\quad \dfrac{A}{B}=\dfrac{A\div D}{B\div D}$$

※ 分母，分子に 0 でない式をかけても，分母，分子を共通な因数で割ってもよい

分数式の分母と分子に共通な因数があるとき，その共通な因数で割ることを**約分**といいます。たとえば，分数式 $\dfrac{xy^2}{x^2y}$ は $\dfrac{xy^2}{x^2y}=\dfrac{xy\times y}{xy\times x}$ となるから，分母と分子をその共通な因数 xy で割ると

$\dfrac{xy^2}{x^2y}=\dfrac{xy\times y}{xy\times x}=\dfrac{y}{x}$ と約分できます。

問題1 次の分数式を約分してみましょう。

(1) $\dfrac{6x^2y^3}{9x^3y}$　　(2) $\dfrac{x^2-2x-3}{x^2-x-6}$

(1) $\dfrac{6x^2y^3}{9x^3y}=\dfrac{3x^2y\times \boxed{ア}\,y^2}{3x^2y\times \boxed{イ}\,x}=\dfrac{\boxed{ウ}\,y^2}{\boxed{エ}\,x}$　　(2) $\dfrac{x^2-2x-3}{x^2-x-6}=\dfrac{(x-3)(x+\boxed{オ})}{(x-3)(x+\boxed{カ})}=\dfrac{x+\boxed{キ}}{x+\boxed{ク}}$

※ 問題1 で約分して得られた分数式のように，それ以上約分できない分数式を**既約分数式**といいます。

分数式の乗法・除法は，分数の計算と同じように計算できます。

$$\dfrac{A}{B}\times\dfrac{C}{D}=\dfrac{AC}{BD},\quad \dfrac{A}{B}\div\dfrac{C}{D}=\dfrac{A}{B}\times\dfrac{D}{C}=\dfrac{AD}{BC}$$

問題2 次の計算をしてみましょう。

(1) $\dfrac{x^2+x}{x^2-4}\times\dfrac{x-2}{x+1}$　　(2) $\dfrac{x}{x-1}\div\dfrac{x^2}{x^2-1}$

(1) $\dfrac{x^2+x}{x^2-4}\times\dfrac{x-2}{x+1}=\dfrac{x(x+1)}{(x+\boxed{ケ})(x-\boxed{コ})}\times\dfrac{x-2}{x+1}=\dfrac{x}{x+\boxed{サ}}$

　　因数分解

(2) $\dfrac{x}{x-1}\div\dfrac{x^2}{x^2-1}=\dfrac{x}{x-1}\times\dfrac{(x+\boxed{シ})(x-\boxed{ス})}{x^2}=\dfrac{x+\boxed{セ}}{x}$

<12 ページの問題の答え>

問題1 (1)ア 2 イ 3 ウ 2 エ 3
　　　(2)オ 1 カ 2 キ 1 ク 2

問題2 (1)ケ 2 コ 2 サ 2
　　　(2)シ 1 ス 1 セ 1

基本練習 → 答えは別冊2ページ

次の計算をせよ。

(1) $\dfrac{x^2-9}{x^2+2x} \times \dfrac{x^2+3x+2}{x^2+x-12}$

(2) $\dfrac{x+3}{x^2-4x+4} \div \dfrac{x^2+2x-3}{x^2-x-2}$

かけ算と割り算を含む計算

$\dfrac{x}{x^2-4} \div \dfrac{2x-1}{2x} \times \dfrac{2x^2+3x-2}{x^2}$ を計算してみよう。割り算をかけ算になおし，分母・分子を因数分解すると

$\dfrac{x}{\boxed{x^2-4}} \div \boxed{\dfrac{2x-1}{2x}} \times \boxed{\dfrac{2x^2+3x-2}{x^2}}$ 因数分解
　因数分解　　かけ算になおす

$= \dfrac{x}{(x+2)(x-2)} \times \dfrac{2x}{2x-1} \times \dfrac{(2x-1)(x+2)}{x^2} = \dfrac{2}{x-2}$ ← 全体を見て，共通な因数があるとき約分する

ステップアップ

05 分数式の足し算と引き算

1章 いろいろな式　　　　　　　　　　　　　　　　　　　　　　　　分数式②

分母が等しい分数式の加法・減法は，分数の場合と同じように分子どうしの計算を行います。

$$\frac{A}{C}+\frac{B}{C}=\frac{A+B}{C} \quad , \quad \frac{A}{C}-\frac{B}{C}=\frac{A-B}{C}$$

（分子の足し算を行う／分母が同じ／分子の引き算を行う／分母が同じ）

分母が異なる分数式の加法・減法は，それぞれの分数式の分母が同じになるように，適切な整式を分母と分子にかけて計算します。2つ以上の分数式の分母を同じ整式にすることを**通分**といいます。

たとえば，$\dfrac{3}{x-1}$ と $\dfrac{1}{x-2}$ を通分すると，下のようになります。

$$\frac{3}{x-1}=\frac{3(x-2)}{(x-1)(x-2)} \quad \text{($x-2$ を分母と分子にかける)} \quad , \quad \frac{1}{x-2}=\frac{x-1}{(x-1)(x-2)} \quad \text{($x-1$ を分母と分子にかける)}$$

（分母が同じ整式）

問題1

次の計算をしてみましょう。

(1) $\dfrac{1}{x+3}+\dfrac{2}{x-2}$　　(2) $\dfrac{2}{x^2-1}-\dfrac{1}{x^2+x}$

(1) $\dfrac{1}{x+3}+\dfrac{2}{x-2}=\dfrac{x-2}{(x+3)(x-2)}+\dfrac{2(x+\boxed{ア})}{(x+3)(x-2)}$　← 通分する

$=\dfrac{(x-2)+2(x+\boxed{ア})}{(x+3)(x-2)}$　← 分子どうしの足し算をする

$=\dfrac{(x-2)+(2x+\boxed{イ})}{(x+3)(x-2)}$

$=\dfrac{3x+\boxed{ウ}}{(x+3)(x-2)}$　← 分子の同類項をまとめる

(2) $\dfrac{2}{x^2-1}-\dfrac{1}{x^2+x}=\dfrac{2}{(x+1)(x-1)}-\dfrac{1}{x(x+1)}$　← 分母をそれぞれ因数分解する

$=\dfrac{2x}{x(x+1)(x-1)}-\dfrac{x-\boxed{エ}}{x(x+1)(x-1)}$　← 通分する

$=\dfrac{2x-(x-\boxed{エ})}{x(x+1)(x-1)}$　← 分子どうしの引き算をする

$=\dfrac{x+\boxed{オ}}{x(x+1)(x-1)}$　← 分子の同類項をまとめる

$=\dfrac{\boxed{カ}}{x(x-1)}$　← 約分する

<14ページの問題の答え>
問題1 (1)ア3 イ6 ウ4
(2)エ1 オ1 カ1

基本練習 → 答えは別冊3ページ

次の計算をせよ。

(1) $\dfrac{1}{x}+\dfrac{2}{x^2}$

(2) $\dfrac{2}{x-1}-\dfrac{4x}{x^2-1}$

通分は，分母の形をよく見よう

$\dfrac{1}{x-1}-\dfrac{1}{x+1}-\dfrac{2}{x^2+1}$ では，まず前の2つの分数式を計算します。分母は，乗法公式の形になっています。

$\dfrac{1}{x-1}-\dfrac{1}{x+1}-\dfrac{2}{x^2+1}=\dfrac{x+1}{(x-1)(x+1)}-\dfrac{x-1}{(x-1)(x+1)}-\dfrac{2}{x^2+1}$ ← 左から順に通分する

$=\dfrac{x+1-(x-1)}{(x-1)(x+1)}-\dfrac{2}{x^2+1}=\dfrac{2}{x^2-1}-\dfrac{2}{x^2+1}$

$=\dfrac{2(x^2+1)}{(x^2-1)(x^2+1)}-\dfrac{2(x^2-1)}{(x^2-1)(x^2+1)}=\dfrac{2(x^2+1)-2(x^2-1)}{x^4-1}=\dfrac{4}{x^4-1}$

ステップアップ

06 二項定理を計算しよう

1章 いろいろな式　　　　　　　　　　　二項定理

いままでに学んだ乗法公式で $(a+b)^2$, $(a+b)^3$ を展開すると次のようになりましたね。

$(a+b)^2=a^2+2ab+b^2$, $(a+b)^3=a^3+3a^2b+3ab^2+b^3$

$(a+b)^n$ の展開式の係数を次々と求めて右のように並べると，各段の両端はすべて1で，その他の係数は左上と右上にある2つの係数の和になっています。

このように $(a+b)^n$ の展開式の係数を並べたものを **パスカルの三角形** といいます。

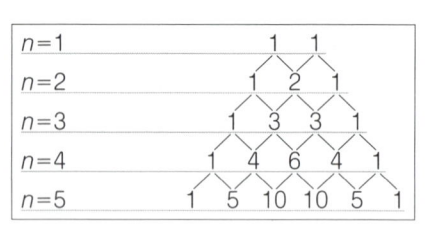

$n=1$	1　1
$n=2$	1　2　1
$n=3$	1　3　3　1
$n=4$	1　4　6　4　1
$n=5$	1　5　10　10　5　1

例えばパスカルの三角形で，$n=5$ の行は左から順に，1, 5, 10, 10, 5, 1 となるので，$(a+b)^5$ の展開式は　　　$(a+b)^5=a^5+5a^4b+10a^3b^2+10a^2b^3+5ab^4+b^5$　　　となります。

問題1　パスカルの三角形をかいて，$(a+b)^6$ の展開式を求めてみましょう。

パスカルの三角形を6行目までかくと，右のようになります。

よって
$(a+b)^6$ の展開式は次のようになります。

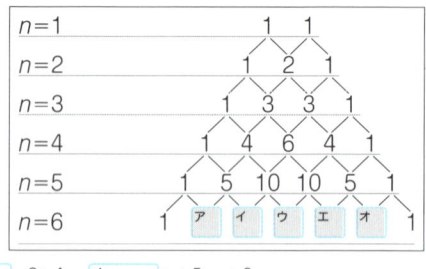

$n=1$	1　1
$n=2$	1　2　1
$n=3$	1　3　3　1
$n=4$	1　4　6　4　1
$n=5$	1　5　10　10　5　1
$n=6$	1　ア　イ　ウ　エ　オ　1

$(a+b)^6=a^6+\boxed{ア}a^5b+\boxed{イ}a^4b^2+\boxed{ウ}a^3b^3+\boxed{エ}a^2b^4+\boxed{オ}ab^5+b^6$

$(a+b)^3$ の展開式における a^2b の係数について確かめてみましょう。

$(a+b)^3=(a+b)(a+b)(a+b)$

を展開するとき，a^2b の項は右のように，3つの $(a+b)$ から，a を2個，b を1個取り出すことによって得られます。

$(\underline{a}+b)(\underline{a}+b)(a+\underline{b}) \to aab=a^2b$
$(\underline{a}+b)(a+\underline{b})(\underline{a}+b) \to aba=a^2b$　$_3C_1$ 個
$(a+\underline{b})(\underline{a}+b)(\underline{a}+b) \to baa=a^2b$

つまり，a^2b は3つの $(a+b)$ から1個の b を選ぶ選び方と同じと考えると，$_3C_1$ 通りありますから，a^2b の係数は $_3C_1=3$ となります。同様にして，0個，2個，3個の b の選び方に着目すると，

a^3 の係数は $_3C_0$, ab^2 の係数は $_3C_2$, b^3 の係数は $_3C_3$　であるから，$(a+b)^3$ の展開式は次のように表すことができます。　　$(a+b)^3={_3C_0}a^3+{_3C_1}a^2b+{_3C_2}ab^2+{_3C_3}b^3$

一般に，次の二項定理が成り立ちます。

二項定理

$(a+b)^n={_nC_0}\cdot a^n+{_nC_1}\cdot a^{n-1}b+{_nC_2}\cdot a^{n-2}\cdot b^2+\cdots\cdots+{_nC_r}\cdot a^{n-r}\cdot b^r+$
$\cdots\cdots+{_nC_{n-1}}\cdot a\cdot b^{n-1}+{_nC_n}\cdot b^n$

<16ページの問題の答え>
問題1 ア 6 イ 15 ウ 20 エ 15 オ 6

基本練習 → 答えは別冊3ページ

二項定理を用いて，$(2x+y)^5$ を展開せよ。

二項定理の計算

二項定理を用いて，次の式を展開してみましょう。
二項定理は，数式の正負の符号には関係がありません。

$$(x-1)^4 = {}_4C_0 \cdot x^4 + {}_4C_1 \cdot x^3 \cdot (-1) + {}_4C_2 \cdot x^2 \cdot (-1)^2 + {}_4C_3 \cdot x \cdot (-1)^3 + {}_4C_4 \cdot (-1)^4$$
$$= x^4 - 4x^3 + 6x^2 - 4x + 1$$

足すと n　${}_nC_r \cdot a^{n-r} \cdot b^r$　一致する

ポイントは，二項定理の b の指数 r が ${}_nC_r$ の r と一致しているところです。

足すと5　${}_5C_2 x^3 \cdot 1^2$　同じ数字

よーく見て解き方を覚えてね

ステップアップ

07 恒等式を計算しよう

1章 いろいろな式　　　　　　　　　　　　　　　恒等式

等式 $(x+1)^2=x^2+2x+1$ は左辺を変形すると右辺に等しくなるから，この式の x にどのような値を代入しても等式が成り立ちます。このような等式を**恒等式**といいます。例えば，これまで学んだ乗法公式 $(a+b)^3=a^3+3a^2b+3ab^2+b^3$ や因数分解の公式 $a^3+b^3=(a+b)(a^2-ab+b^2)$ などは恒等式です。

これに対し，**方程式** $3x-6=0$ は x の値が 2 であるときに限って成り立ちます。

恒等式の両辺が x の整式のとき，x について整理すれば，両辺の同じ次数の項の係数は等しくなります。たとえば，2 次の整式では，次のことが成り立ちます。

恒等式の性質

[1]　$ax^2+bx+c=a'x^2+b'x+c'$ が x についての恒等式 $\iff a=a',\ b=b',\ c=c'$

[2]　$ax^2+bx+c=0$ が x についての恒等式 $\iff a=0,\ b=0,\ c=0$

それでは，$(a-1)x^2+(b+1)x+(c-2)=2x^2-x+3$ が x についての恒等式になるように，定数 a, b, c の値を求めてみましょう。

恒等式の性質 [1] にならって，両辺の同じ次数の項の係数を比較すると，
　　$a-1=2,\ b+1=-1,\ c-2=3$
よって，$a=3,\ b=-2,\ c=5$

問題1　$a(x+1)^2+b(x+1)+c=2x^2+3x+4$ が x についての恒等式となるように，定数 a, b, c の値を定めましょう。

等式の左辺を展開して，x について整理すると，
　　$ax^2+(\boxed{\text{ア}}a+b)x+(a+b+c)=2x^2+3x+4$ となります。

これが x についての恒等式であるから，両辺の係数を比較して，

$$\begin{cases} a &= \boxed{\text{イ}} &\cdots① \\ \boxed{\text{ウ}}a+b &= \boxed{\text{エ}} &\cdots② \\ a+b+c &= \boxed{\text{オ}} &\cdots③ \end{cases}$$

①, ②, ③を連立して a, b, c を求めると，
　　$a=\boxed{\text{イ}},\ b=-1,\ c=\boxed{\text{カ}}$

← a の値を②に代入して b を求め，③に a, b の値を代入して c を求める

問題1 のように，両辺で同じ次数の項の係数が等しいことを用いる解法を**係数比較法**といいます。

< 18ページの問題の答え >
問題1 ア2 イ2 ウ2 エ3 オ4 カ3

基本練習 → 答えは別冊3ページ

$a(x-2)^2+b(x-2)+c=2x^2-x+3$ が x についての恒等式となるように，定数 a，b，c の値を定めよ。

数値代入法とは？

等式が x についての恒等式であるとは，どのような x の値に対してもこの等式が成り立つことです。
問題1 を例に考えてみましょう。両辺に，$x=-1$，$x=0$，$x=1$ を代入して連立方程式をたてると，

$c=3$ …①
$a+b+c=4$ …②
$4a+2b+c=9$ …③

①，②，③を解くと，$a=2$，$b=-1$，$c=3$
逆に，$a=2$，$b=-1$，$c=3$ のとき，与えられた等式は x についての恒等式である。

数値代入法を使ったときは求めた値を代入すると恒等式になることを明記しなければならない

ステップアップ

08 等式を証明しよう

1章 いろいろな式　　　等式と不等式の証明①

一般に，等式 $A=B$ を証明するには，次のような方法があります。

　　[1]　「A を変形して B を導く」または「B を変形して A を導く」。
　　[2]　A と B をそれぞれ変形して，同じ式 C になることを示す。
　　[3]　$A-B=0$ を示す。

例えば，等式 $(a+b)^2-(a-b)^2=4ab$ が成り立つことは，次のようにして証明できます。

$$
\begin{aligned}
(左辺) &= (a+b)^2-(a-b)^2 \\
&= (a^2+2ab+b^2)-(a^2-2ab+b^2) \\
&= a^2+2ab+b^2-a^2+2ab-b^2 \\
&= 4ab = (右辺)
\end{aligned}
$$
よって，$(a+b)^2-(a-b)^2=4ab$

問題1　次の等式が成り立つことを証明してみましょう。
$$(a^2+b^2)(c^2+d^2)=(ac+bd)^2+(ad-bc)^2$$

両辺がともに複雑な式であるため，左辺と右辺をそれぞれ変形して，同じ式になることを示します。

$$(左辺)=(a^2+b^2)(c^2+d^2)=a^2c^2+a^2d^2+\boxed{ア}+b^2d^2$$

$$
\begin{aligned}
(右辺) &= (ac+bd)^2+(ad-bc)^2 \quad \leftarrow 乗法公式の利用 \\
&= (a^2c^2+\boxed{イ}abcd+b^2d^2)+(a^2d^2-\boxed{ウ}abcd+b^2c^2) \\
&= a^2c^2+\boxed{エ}+b^2c^2+b^2d^2
\end{aligned}
$$

よって，$(a^2+b^2)(c^2+d^2)=(ac+bd)^2+(ad-bc)^2$

次に，ある条件のもとで成り立つ等式の証明について考えてみましょう。

問題2　$a+b=1$ のとき，次の等式が成り立つことを証明しましょう。
$$a^2+b=b^2+a$$

$a+b=1$ から　$b=1-a$　　←　b を a の式で表す

これを等式の各辺に代入すると，

$$
\begin{aligned}
(左辺) &= a^2+b=a^2+(1-a)=a^2-a+\boxed{オ} \\
(右辺) &= b^2+a=(1-a)^2+a=1-\boxed{カ}a+a^2+a \\
&= a^2-a+\boxed{キ}
\end{aligned}
$$
よって，$a^2+b=b^2+a$

< 20ページの問題の答え>

問題1 ア b^2c^2 イ 2 ウ 2 エ a^2d^2 　　**問題2** オ 1 カ 2 キ 1

基本練習 → 答えは別冊3ページ

次の等式が成り立つことを証明せよ。

$$(ax+by)^2-(ay+bx)^2=(a^2-b^2)(x^2-y^2)$$

比例式と等式の証明

$\dfrac{a}{b}=\dfrac{c}{d}$ のように，比の値が等しいことを示す式を比例式といいます。

$\dfrac{a}{b}=\dfrac{c}{d}$ のとき，等式 $\dfrac{a+c}{b+d}=\dfrac{a-c}{b-d}$ が成り立つことを証明してみましょう。 $\dfrac{a}{b}=\dfrac{c}{d}=k$ とおくと， $a=bk,\ c=dk$

このとき （左辺）$=\dfrac{a+c}{b+d}=\dfrac{bk+dk}{b+d}=\dfrac{k(b+d)}{b+d}=k$

　　　　　（右辺）$=\dfrac{a-c}{b-d}=\dfrac{bk-dk}{b-d}=\dfrac{k(b-d)}{b-d}=k$ 　　よって， $\dfrac{a+c}{b+d}=\dfrac{a-c}{b-d}$

ステップアップ

09 不等式を証明しよう

1章 いろいろな式　　等式と不等式の証明②

2つの実数 a, b の間には，$a>b$，$a=b$，$a<b$ という3つの関係のうち，どれか1つだけが成り立ちます。

また，実数の大小関係について，右のような基本性質が成り立ちます。

※ 以下，不等式に含まれる文字はすべて実数を表すものとする。

不等式の基本性質

[1] $a>b, b>c$ ならば $a>c$

[2] $a>b$ ならば $a+c>b+c, a-c>b-c$

[3] $a>b, c>0$ ならば $ac>bc, \dfrac{a}{c}>\dfrac{b}{c}$

$a>b, c<0$ ならば $ac<bc, \dfrac{a}{c}<\dfrac{b}{c}$

基本性質[2]を用いると，

$a>b$ のとき，両辺から b を引くと，$a-b>0$。

$a-b>0$ のとき，両辺に b を加えると，$a>b$ が得られる。

$a<b$ のときも同様に考えると，右のことが成り立つ。

大小の判定

$a>b \iff a-b>0$

$a<b \iff a-b<0$

問題1　$a>b$ のとき，不等式 $3a+b>3b+a$ を証明しましょう。

$A>B$ を証明するために，$A-B>0$ を示しましょう。

　　(左辺)－(右辺)$=(3a+b)-(3b+a)$
　　　　　　　　　$=\boxed{ア}a-\boxed{イ}b=\boxed{ウ}(a-b)$

ここで，$a>b$ より $a-b>0$ であるから $\boxed{ウ}(a-b)>0$

よって，$(3a+b)-(3b+a)>\boxed{エ}$　したがって，$3a+b>3b+a$　…証明終

不等式の証明では，右の性質がよく用いられます。

実数の平方

実数 a について，$a^2 \geqq 0$

等号が成り立つのは，$a=0$ のときである。

では，実数の平方を用いて，不等式の証明を考えてみましょう。

問題2　不等式 $(2x+1)^2 \geqq 8x$ を証明しましょう。また，等号が成り立つのはどのようなときか答えなさい。

　　(左辺)－(右辺)$=(2x+1)^2-8x=(\boxed{オ}x^2+\boxed{カ}x+1)-8x$
　　　　　　　　　$=\boxed{キ}x^2-\boxed{ク}x+1$
　　　　　　　　　$=(2x-1)^2$　　　　(実数)^2 に変形

$(2x-1)^2 \geqq 0$ であるから，(左辺)－(右辺)$\geqq 0$

< 22, 23 ページの問題の答え >

問題1　ア 2　イ 2　ウ 2　エ 0　　　問題2　オ 4　カ 4　キ 4　ク 4　ケ $\dfrac{1}{2}$

よって，$(2x+1)^2 \geq 8x$　…証明終

等号が成り立つのは，$\underline{2x-1=0}$，すなわち　$x = \boxed{ケ}$　のときである。
　　　　　　　　　　　実数の平方の性質

基本練習　→ 答えは別冊4ページ

不等式 $2(x^2+y^2) \geq (x+y)^2$ を証明せよ。
また，等号が成り立つのはどのようなときか。

$a^2+b^2 \geq 0$ を用いた不等式の証明

実数 a, b について，$a^2 \geq 0$，$b^2 \geq 0$ であるから $a^2+b^2 \geq 0$ が成り立ちます。
(等号が成り立つのは，$a^2=0$ かつ $b^2=0$ すなわち $a=0$ かつ $b=0$ のとき)
それでは，不等式 $x^2+3y^2 \geq 2xy$ を証明してみましょう。
(左辺)－(右辺)＝$x^2+3y^2-2xy=(x^2-2xy+y^2)+2y^2=(x-y)^2+2y^2$
ここで，$(x-y)^2 \geq 0$，$2y^2 \geq 0$ であるから，(左辺)－(右辺)≥ 0
よって，$x^2+3y^2 \geq 2xy$
等号が成り立つのは，$x-y=0$ かつ $y=0$ すなわち，$x=y=0$ のときである。

$A+B>C$ を証明するときは $A+B-C>0$ を証明する！

ステップアップ

10 相加平均と相乗平均

1章 いろいろな式

2つの正の数 a, b に対して，$\dfrac{a+b}{2}$ を a, b の**相加平均**，$\sqrt{ab}$ を a, b の**相乗平均**といいます。

相加平均と相乗平均の間には，右の大小関係が成り立ちます。

> **相加平均と相乗平均の関係**
> $a>0$, $b>0$ のとき，$\dfrac{a+b}{2} \geqq \sqrt{ab}$
> 等号が成り立つのは，$a=b$ のときである。

$a>0$, $b>0$ のとき，$\dfrac{a+b}{2} \geqq \sqrt{ab}$ が成り立つことを証明してみましょう。

証明) $a>0$, $b>0$ であるから

$$(\text{左辺})-(\text{右辺}) = \dfrac{a+b}{2} - \sqrt{ab} = \dfrac{a-2\sqrt{ab}+b}{2}$$ ← 通分する

$$= \dfrac{(\sqrt{a})^2 - 2\sqrt{ab} + (\sqrt{b})^2}{2}$$ ← $a>0$, $b>0$ のとき $\sqrt{a} \times \sqrt{b} = \sqrt{ab}$ が成り立つ。

$$= \dfrac{(\sqrt{a}-\sqrt{b})^2}{2} \geqq 0$$

よって $\dfrac{a+b}{2} \geqq \sqrt{ab}$ 等号が成り立つのは $\sqrt{a}-\sqrt{b}=0$ すなわち $a=b$ のときである。

また，この不等式は両辺に2をかけて $a+b \geqq 2\sqrt{ab}$ の形で用いられることもあります。

※ 上の相加平均と相乗平均の関係は，$a \geqq 0$, $b \geqq 0$ のときも成り立ちます。

問題1 $a>0$, $b>0$ のとき，不等式 $a+\dfrac{1}{a} \geqq 2$ を証明しましょう。
また，等号が成り立つのはどのようなときですか。

$a>0$ より，$\dfrac{1}{a}>0$ であるから，相加平均と相乗平均の関係により

$$a+\dfrac{1}{a} \geqq \boxed{\text{ア}} \sqrt{a \cdot \dfrac{1}{a}}$$ ← $a+b \geqq 2\sqrt{ab}$ の形で証明

したがって $a+\dfrac{1}{a} \geqq \boxed{\text{イ}}$

等号が成り立つのは，$a=\dfrac{1}{a}$ すなわち $a^2=\boxed{\text{ウ}}$ のときで，

$a>\boxed{\text{エ}}$ であるから，$a=\boxed{\text{オ}}$ のときである。 ← $a>0$ より $a=-1$ は不適

<24ページの問題の答え>
問題1　ア2　イ2　ウ1　エ0　オ1

基本練習　→ 答えは別冊4ページ

$a>0$, $b>0$ のとき，次の不等式を証明せよ。
また，等号が成り立つのはどのようなときか。

(1) $a + \dfrac{4}{a} \geqq 4$

(2) $\dfrac{a}{b} + \dfrac{9b}{a} \geqq 6$

相加平均と相乗平均の練習

$a>0$, $b>0$ のとき，$\dfrac{b}{a} + \dfrac{a}{b} \geqq 2$ が成り立つことを証明しましょう。

$a>0$, $b>0$ より $\dfrac{b}{a} > 0$, $\dfrac{a}{b} > 0$ であるから，相加平均と相乗平均の関係により

$\dfrac{b}{a} + \dfrac{a}{b} \geqq 2\sqrt{\dfrac{b}{a} \cdot \dfrac{a}{b}}$ 　したがって　$\dfrac{b}{a} + \dfrac{a}{b} \geqq 2$

等号が成り立つのは，$\dfrac{b}{a} = \dfrac{a}{b}$ すなわち $a^2 = b^2$ のとき $a>0$, $b>0$ なので $a=b$ のときである。

ステップアップ

$a+b \geqq 2\sqrt{ab}$　覚えればできる!!

11 複素数とは？

1章 いろいろな式　　　　　　　　　　　　　　　　　複素数

x を実数とすると $x^2 \geq 0$ であるから，2次方程式 $x^2 = -1$ は，実数の範囲では解をもちません。そこで，このような方程式も解をもつように数の範囲を実数からさらに広げることを考えましょう。

2乗すると -1 になる数を i で表し，$i^2 = -1$ とします。この i を<u>虚数単位</u>といいます。

たとえば，$(\sqrt{3}i)^2 = (\sqrt{3})^2 i^2 = 3 \times (-1) = -3$，$(-\sqrt{3}i)^2 = (-\sqrt{3})^2 i^2 = 3 \times (-1) = -3$ となり，$\sqrt{3}i$ と $-\sqrt{3}i$ は，-3 の平方根です。つまり，2次方程式 $x^2 = -3$ の解であることがわかります。

一般に，負の数の平方根について，右のことが成り立ちます。

$a > 0$ のとき，$\sqrt{-a} = \sqrt{a}\,i$

とくに，$\sqrt{-1} = i$ と定めます。

$-a$ の平方根　$\pm\sqrt{a}\,i$ は $\pm\sqrt{-a}$ と表すことができます。

例 $\sqrt{-5} = \sqrt{5}\,i$，$-\sqrt{-3} = -\sqrt{3}\,i$

> **負の数の平方根**
> $a > 0$ のとき，負の数 $-a$ の平方根は，
> $\sqrt{a}\,i$，$-\sqrt{a}\,i$　である。

さらに，$3 + 2i$ のように，2つの数 a, b を用いて，$a + bi$ の形に表される数を考え，これを<u>複素数</u>といいます。このとき，a を<u>実部</u>，b を<u>虚部</u>といいます。

> ⓐ + ⓑ i
> 実部　虚部

複素数 $a + bi$ は，$b = 0$ のとき $a + 0i$ となり，実数 a を表すから，<u>実数は複素数</u>に含まれます。

また，$b \neq 0$ のとき，<u>実数でない複素数を虚数</u>といいます。とくに，$a = 0$, $b \neq 0$ のとき，$0 + bi$ すなわち <u>bi の形の虚数</u>を<u>純虚数</u>といいます。

> **複素数 $a + bi$**
> 実数 ／ 虚数 （純虚数）
> $(b=0)$　$(b \neq 0)$ $(a=0)$

問題1　次の複素数の実部と虚部を答えましょう。
　　　　(1) $3 + 2i$　　　　　(2) $2 - i$

(1) 実部は <u>ア</u> で，虚部は <u>イ</u> である。
(2) 実部は <u>ウ</u> で，虚部は $-$<u>エ</u> である。

2つの複素数が等しいのは，実部と虚部がともに等しいときに限ります。したがって，右のことが成り立ちます。

> **複素数の相等**
> a, b, c, d が実数のとき，
> $a + bi = c + di \iff a = c$ かつ $b = d$
> とくに $a + bi = 0 \iff a = 0$ かつ $b = 0$

<26 ページの問題の答え>
問題1 (1)ア 3 イ 2 (2)ウ 2 エ 1

基本練習 → 答えは別冊4ページ

次の等式を満たす実数 a, b の値を求めよ。

(1) $(3a-b)+(2a+b)i=7+8i$

(2) $(a+2)+(2a+b)i=0$

複素数を満たす実数

$(2a-b)+(3a+b)i=3+7i$ を満たす実数 a, b の値を求めましょう。

a, b が実数のとき, $2a-b$, $3a+b$ はいずれも実数であるから

$$\begin{cases} 2a-b=3 \\ 3a+b=7 \end{cases}$$

両辺の実部どうし，虚部どうしがそれぞれ等しい

○+△i = ◎+▲i

これらを連立方程式として解くと,

$a=2$, $b=1$

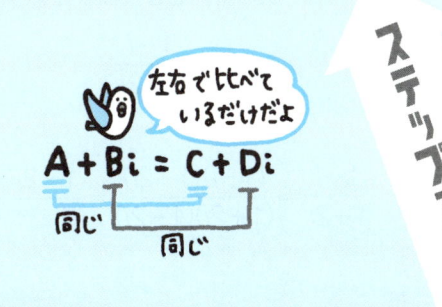

左右で比べているだけだよ

$A+Bi = C+Di$
同じ　同じ

ステップアップ

12 複素数の計算をしよう

1章 いろいろな式　　　複素数の計算

複素数の計算は，i をふつうの文字と同じように扱って計算します。i^2 の項は $i^2=-1$ を用いて簡単にして，$a+bi$ の形にします。

問題1 次の計算をしてみましょう。
(1) $(3+2i)+(1-i)$
(2) $(4-3i)-(1+2i)$
(3) $(1-3i)(3+2i)$
(4) $(1+i)^2$

(1) $(3+2i)+(1-i)=(3+1)+(2-1)i=\boxed{\text{ア}}+i$

(2) $(4-3i)-(1+2i)=(4-1)+(-3-2)i=\boxed{\text{イ}}-5i$

(3) $(1-3i)(3+2i)=3+2i-9i-6i^2=3-7i-6\cdot(-1)=\boxed{\text{ウ}}-7i$
　　　　　　　　　　　　　　　　$i^2=-1$

(4) $(1+i)^2=1+2i+i^2=1+2i+(-1)=\boxed{\text{エ}}i$
　　　　乗法公式 $(a+b)^2=a^2+2ab+b^2$

a, b が実数のとき，複素数 $\alpha=a+bi$ に対して，$a-bi$ を α と**共役な複素数**といい，$\overline{\alpha}$ で表します。実数 α と共役な複素数は α 自身です。

例　$1+3i$ の共役な複素数は $1-3i$ である。この2つの複素数について，
　　和は　$(1+3i)+(1-3i)=(1+1)+(3-3)i=2$
　　積は　$(1+3i)(1-3i)=1-9i^2=1-9\cdot(-1)=10$

一般に，互いに共役な複素数 $\alpha=a+bi$ と $\overline{\alpha}=a-bi$ の和と積は，それぞれ実数となります。

複素数の除法は，分母と共役な複素数を分母と分子にかけて，分母を実数にして計算します。

例　$\dfrac{3+i}{1-2i}=\dfrac{(3+i)(1+2i)}{(1-2i)(1+2i)}=\dfrac{3+6i+i+2i^2}{1-4i^2}=\dfrac{3+7i+2\cdot(-1)}{1-4\cdot(-1)}=\dfrac{1+7i}{5}=\dfrac{1}{5}+\dfrac{7}{5}i$

問題2 次の計算をしてみましょう。
(1) $\dfrac{1-i}{1+2i}$
(2) $\dfrac{1-3i}{i}$

(1) $\dfrac{1-i}{1+2i}=\dfrac{(1-i)(1-2i)}{(1+2i)(1-2i)}=\dfrac{1-2i-i+2i^2}{1-\boxed{\text{オ}}i^2}=\dfrac{1-3i+2\cdot(-1)}{1-\boxed{\text{カ}}\cdot(-1)}=\dfrac{-1-3i}{\boxed{\text{キ}}}=-\dfrac{\boxed{\text{ク}}}{5}-\dfrac{\boxed{\text{ケ}}}{5}i$
　　　　　　　　　　　　　　　　　　　　　　　　　$i^2=-1$

< 28，29 ページの問題の答え >

問題1 (1)ア 4　(2)イ 3　(3)ウ 9　(4)エ 2
問題2 (1)オ 4　カ 4　キ 5　ク 1　ケ 3
(2)コ 3　サ 1　シ 1　ス 1　セ 3

(2) $\dfrac{1-3i}{i} = \dfrac{(1-3i)\times i}{i\times i} = \dfrac{i-\boxed{コ}i^2}{i^2} = \dfrac{i-3\cdot(-\boxed{サ})}{-\boxed{シ}} = \dfrac{3+i}{-\boxed{ス}} = -\boxed{セ}-i$

※ 虚数については，大小関係や正負は考えない。

基本練習　→ 答えは別冊4ページ

次の計算をせよ。

(1) $(3+7i)+(-5+2i)$

(2) $(4-3i)-(3-5i)$

(3) $(3-4i)(2+i)$

(4) $\dfrac{12+5i}{3-2i}$

$\sqrt{-a}$ を含む計算

$a>0$ のとき，$\sqrt{-a}$ を含む計算は，その形になおしてから計算します。

例
・ $\sqrt{-4}+\sqrt{-9}=2i+3i=5i$ ← $a>0$ のとき $\sqrt{-a}=\sqrt{a}\,i$
・ $\sqrt{-4}\times\sqrt{-9}=2i\times 3i=6i^2=-6$
※ $\sqrt{-4}\times\sqrt{-9}=\sqrt{(-4)\times(-9)}$ としてはいけません。

13 2次方程式の解と判別式

1章 いろいろな式　　　　　解と判別式

数学Ⅰで学んだ2次方程式の解の公式を用いて方程式 $x^2-x+2=0$ を解いてみましょう。

$$x=\frac{-(-1)\pm\sqrt{(-1)^2-4\cdot1\cdot2}}{2\cdot1}=\frac{1\pm\sqrt{-7}}{2}$$

$$=\frac{1\pm\sqrt{7}i}{2}$$

> **2次方程式の解の公式**
>
> 2次方程式 $ax^2+bx+c=0$ の解は
> $$x=\frac{-b\pm\sqrt{b^2-4ac}}{2a}$$

このように，実数を係数とする2次方程式は複素数の範囲で必ず解をもちます。

※ 虚数の解をもつときは，その2つの解は互いに共役な複素数となります。

問題1
解の公式を用いて，次の2次方程式を解いてみましょう。
(1) $x^2+3x-1=0$　　(2) $5x^2-3x+1=0$

(1) $x=\dfrac{-3\pm\sqrt{3^2-4\cdot1\cdot(-1)}}{2\cdot1}$

$=\dfrac{-3\pm\sqrt{\boxed{ア}}}{2}$

(2) $x=\dfrac{-(-3)\pm\sqrt{(-3)^2-4\cdot5\cdot1}}{2\cdot5}$

$=\dfrac{3\pm\sqrt{-\boxed{イ}}}{10}=\dfrac{3\pm\sqrt{\boxed{ウ}}i}{10}$　← $a>0$ のとき $\sqrt{-a}=\sqrt{a}\,i$

方程式の解で，実数であるものを**実数解**といい，虚数であるものを**虚数解**といいます。実数を係数とする2次方程式 $ax^2+bx+c=0$ の解が異なる2つの実数解，重解，異なる2つの虚数解のどれになるかは，解の公式中の b^2-4ac の符号によって決まります。この b^2-4ac を2次方程式 $ax^2+bx+c=0$ の**判別式**といい，D で表します。

2次方程式の判別式 D と解について，右のことが成り立ちます。

> **2次方程式の解の判別**
>
> $D>0 \iff$ 異なる2つの実数解をもつ
> $D=0 \iff$ （実数の）重解をもつ
> $D<0 \iff$ 異なる2つの虚数解をもつ

問題2
次の2次方程式の解の判別をしてみましょう。
(1) $2x^2+5x+1=0$　　(2) $4x^2-12x+9=0$　　(3) $2x^2-3x+3=0$

(1) $2x^2+5x+1=0$ の判別式を D とすると

$D=\boxed{エ}^2-4\cdot2\cdot1=\boxed{オ}>0$　よって　異なる2つの実数解をもつ。

(2) $4x^2-12x+9=0$ の判別式を D とすると

$D=(\boxed{カ})^2-4\cdot4\cdot9=\boxed{キ}$　よって　重解をもつ。

(3) $2x^2-3x+3=0$ の判別式を D とすると

$D=(\boxed{ク})^2-4\cdot2\cdot3=\boxed{ケ}<0$　よって　異なる2つの虚数解をもつ。

<30ページの問題の答え>
問題1 (1)ア 13 (2)イ 11 ウ 11
問題2 (1)エ 5 オ 17 (2)カ −12 キ 0 (3)ク −3 ケ −15

基本練習 → 答えは別冊5ページ

次の2次方程式の解の判別をせよ。

(1) $x^2+4x+1=0$

(2) $16x^2+8x+1=0$

(3) $5x^2-2x+3=0$

定数を含む2次方程式の解の判別

k を定数とするとき，2次方程式 $x^2-3x+2-k=0$ の解の判別をしましょう。

この2次方程式の判別式を D とすると $D=(-3)^2-4\cdot1\cdot(2-k)=4k+1$

$D>0$ すなわち $k>-\dfrac{1}{4}$ → 異なる2つの実数解

$D=0$ すなわち $k=-\dfrac{1}{4}$ → 重解

$D<0$ すなわち $k<-\dfrac{1}{4}$ → 異なる2つの虚数解

ステップアップ

14 2次方程式の解と係数の関係

1章 いろいろな式　　解と係数の関係①

2次方程式 $ax^2+bx+c=0$ の2つの解を α, β とすると，解の公式により以下のようになります。

$$\alpha+\beta=\frac{-b+\sqrt{b^2-4ac}}{2a}+\frac{-b-\sqrt{b^2-4ac}}{2a}=\frac{-2b}{2a}=\frac{-b}{a}=-\frac{b}{a}$$

$$\alpha\beta=\frac{-b+\sqrt{b^2-4ac}}{2a}\times\frac{-b-\sqrt{b^2-4ac}}{2a}=\frac{(-b)^2-(b^2-4ac)}{(2a)^2}=\frac{b^2-b^2+4ac}{4a^2}=\frac{c}{a}$$

このように，2次方程式の2つの解の和と積は，方程式の係数を用いて表すことができます。

これを，2次方程式の解と係数の関係といいます。

> **2次方程式の解と係数の関係**
> 2次方程式 $ax^2+bx+c=0$ の2つの解を α, β とすると
> $$\alpha+\beta=-\frac{b}{a},\ \alpha\beta=\frac{c}{a}$$

問題1 次の2次方程式の2つの解の和と積を求めてみましょう。
(1) $3x^2+7x+6=0$　　(2) $2x^2-3x+4=0$

(1) 2次方程式 $3x^2+7x+6=0$ の2つの解を α, β とすると，解と係数の関係から

和　$\alpha+\beta=-\dfrac{\boxed{\text{ア}}}{3}$，積　$\alpha\beta=\dfrac{\boxed{\text{イ}}}{3}=\boxed{\text{ウ}}$

(2) 2次方程式 $2x^2-3x+4=0$ の2つの解を α, β とすると，解と係数の関係から

和　$\alpha+\beta=-\dfrac{-3}{2}=\dfrac{\boxed{\text{エ}}}{2}$，積　$\alpha\beta=\dfrac{\boxed{\text{オ}}}{2}=\boxed{\text{カ}}$

問題2 2次方程式 $2x^2+4x+5=0$ の2つの解を α, β とするとき，次の式の値を求めましょう。
(1) $\alpha^2+\beta^2$　　(2) $\dfrac{1}{\alpha}+\dfrac{1}{\beta}$

解と係数の関係から，$\alpha+\beta=-\dfrac{4}{2}=-2$，$\alpha\beta=\dfrac{\boxed{\text{キ}}}{2}$ になりますね。

(1) $\alpha^2+\beta^2=(\alpha+\beta)^2-2\alpha\beta$　←乗法公式を利用して，$\alpha^2+\beta^2$ の形になるように変形
$=(-2)^2-2\cdot\dfrac{\boxed{\text{キ}}}{2}$
$=-\boxed{\text{ク}}$

(2) $\dfrac{1}{\alpha}+\dfrac{1}{\beta}=\dfrac{\alpha+\beta}{\alpha\beta}$　←通分する
$\phantom{\dfrac{1}{\alpha}+\dfrac{1}{\beta}}=(-2)\div\dfrac{\boxed{\text{ケ}}}{2}=-\dfrac{\boxed{\text{コ}}}{5}$

<32ページの問題の答え>

問題1 (1)ア 7　イ 6　ウ 2　(2)エ 3　オ 4　カ 2
問題2 キ 5　(1)ク 1　(2)ケ 5　コ 4

基本練習　→ 答えは別冊5ページ

2次方程式 $2x^2-6x+3=0$ の2つの解を α, β とするとき，次の式の値を求めよ。

(1) $\alpha^2+\beta^2$

(2) $\dfrac{1}{\alpha}+\dfrac{1}{\beta}$

$\alpha^3+\beta^3$ の値を求めよう

問題2 の2次方程式において $\alpha^3+\beta^3$ の値を求めてみよう。
3次の乗法公式 [1] $(a+b)^3=a^3+3a^2b+3ab^2+b^3$ を用いると
　　$\alpha^3+\beta^3=(\alpha+\beta)^3-(3\alpha^2\beta+3\alpha\beta^2)$
　　　　　　$=(\alpha+\beta)^3-3\alpha\beta(\alpha+\beta)$　← 共通な因数である $3\alpha\beta$ でくくる

$\alpha+\beta=-2$, $\alpha\beta=\dfrac{5}{2}$ であるから
　　$\alpha^3+\beta^3=(-2)^3-3\cdot\dfrac{5}{2}\cdot(-2)=-8+15=7$

ステップアップ

15 2次式の因数分解

1章 いろいろな式　　　解と係数の関係②

2次方程式 $ax^2+bx+c=0$ の2つの解を α, β とするとき，α, β を用いて，2次式 ax^2+bx+c を因数分解してみましょう。

解と係数の関係から，$\alpha+\beta=-\dfrac{b}{a}$，$\alpha\beta=\dfrac{c}{a}$ であるから

$$ax^2+bx+c = a\left(x^2+\dfrac{b}{a}x+\dfrac{c}{a}\right)$$
← x^2 の係数 a をくくり出す

$$= a\{x^2-(\alpha+\beta)x+\alpha\beta\}$$
← $\dfrac{b}{a}=-(\alpha+\beta)$，$\dfrac{c}{a}=\alpha\beta$ を代入

$$= a(x-\alpha)(x-\beta)$$

したがって，右のことが成り立ちます。

> **2次式の因数分解**
>
> 2次方程式 $ax^2+bx+c=0$ の2つの解を α, β とすると
> $$ax^2+bx+c = a(x-\alpha)(x-\beta)$$

2次方程式は複素数の範囲で解をもつから，係数が実数の2次式は複素数の範囲で1次式の積に因数分解できます。

問題1　次の2次式を複素数の範囲で因数分解してみましょう。
(1) x^2+4x-1　　(2) $2x^2-3x+2$

(1) 2次方程式 $x^2+4x-1=0$ の解は

$$x = \dfrac{-4\pm\sqrt{\boxed{ア}^2-4\cdot1\cdot(-1)}}{2\cdot1} = \dfrac{-4\pm2\sqrt{\boxed{イ}}}{2} = -\boxed{ウ}\pm\sqrt{\boxed{イ}}$$ であるから

$$x^2+4x-1 = \{x-(-\boxed{ウ}+\sqrt{\boxed{イ}})\}\{x-(-\boxed{ウ}-\sqrt{\boxed{イ}})\}$$

$$= (x+\boxed{エ}-\sqrt{5})(x+\boxed{オ}+\sqrt{5})$$

(2) 2次方程式 $2x^2-3x+2=0$ の解は

$$x = \dfrac{-(-3)\pm\sqrt{(\boxed{カ})^2-4\cdot2\cdot2}}{2\cdot2} = \dfrac{3\pm\sqrt{\boxed{キ}}i}{4}$$ であるから

$$2x^2-3x+2 = \boxed{ク}\left(x-\dfrac{3+\sqrt{\boxed{ケ}}i}{4}\right)\left(x-\dfrac{3-\sqrt{\boxed{コ}}i}{4}\right)$$

2つの数 α, β を解とする2次方程式で，x^2 の係数を1とすると

　$(x-\alpha)(x-\beta)=0$　すなわち　$x^2-(\alpha+\beta)x+\alpha\beta=0$

となります。

> **2つの数を解とする2次方程式**
>
> 2つの数 α, β を解とする2次方程式の1つは
> $$x^2-(\alpha+\beta)x+\alpha\beta=0$$

< 34, 35 ページの問題の答え>

問題1 (1)ア 4 イ 5 ウ 2 エ 2 オ 2

(2)カ −3 キ 7 ク 2 ケ 7 コ 7

問題2 サ 4 シ 1 ス 4 セ 1

問題2 $2+\sqrt{5}$, $2-\sqrt{5}$ を解とする2次方程式を1つ求めてみましょう。

2つの数 $2+\sqrt{5}$, $2-\sqrt{5}$ を解とする2次方程式の1つは,解の和が
$(2+\sqrt{5})+(2-\sqrt{5})=\boxed{サ}$, 解の積が $(2+\sqrt{5})(2-\sqrt{5})=2^2-(\sqrt{5})^2=-\boxed{シ}$ であるから
$x^2-\boxed{ス}x-\boxed{セ}=0$

基本練習 → 答えは別冊5ページ

次の2次式を複素数の範囲で因数分解せよ。

(1) x^2-6x+4

(2) $3x^2-8x+7$

虚数解をもつ2次方程式

2つの数 α, β を解とする2次方程式の1つは,

$(x-α)(x-β)=0$

すなわち $x^2-(α+β)x+αβ=0$ である。 ← $x^2-(\overset{解の}{和})x+(\overset{解の}{積})=0$

例 2つの数 $1+i$, $1-i$ を解とする2次方程式の1つは

解の和が $(1+i)+(1-i)=2$, 解の積が $(1+i)(1-i)=1-i^2=2$

であるから $x^2-2x+2=0$

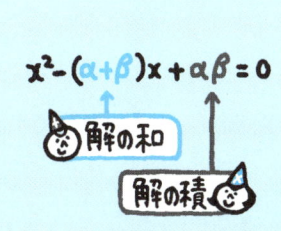

$x^2-(α+β)x+αβ=0$
　　↑　　　　↑
　解の和　　解の積

ステップアップ

16 剰余の定理と因数定理

1章 いろいろな式

x についての整式を $P(x)$, $Q(x)$ などで表し，x に数 a を代入したときの $P(x)$ の値を $P(a)$ と書きます。

例 $P(x)=x^3-2x+3$ のとき，$P(1)=1^3-2\cdot1+3=2$, $P(-2)=(-2)^3-2\cdot(-2)+3=-1$

整式を1次式で割ったときの余りについて考えてみましょう。
整式 $P(x)=2x^2-7x+5$ を $x-3$ で割ると
右の計算から，次の等式が成り立ちます。

$$P(x)=(x-3)(2x-1)+2$$

↑余り

$$\begin{array}{r}2x-1\\x-3\overline{)2x^2-7x+5}\\\underline{2x^2-6x}\\-x+5\\\underline{-x+3}\\2\end{array}$$

この式に $x=3$ を代入すると，$P(3)=0\cdot5+2=2$ となり，
$P(x)$ を $x-3$ で割ったときの余りが $P(3)$ に等しいことがわかります。

一般に，整式 $P(x)$ を1次式 $x-\alpha$ で割ったときの余りは定数となります。
そのときの商を $Q(x)$, 余りを R とおくと $P(x)=(x-\alpha)\cdot Q(x)+R$ が成り立ちます。
この式に $x=\alpha$ を代入すると，$P(\alpha)=(\alpha-\alpha)\cdot Q(\alpha)+R=0\cdot Q(\alpha)+R=R$ となります。
よって，右の剰余の定理が成り立ちます。

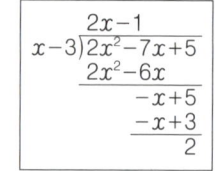

> **剰余の定理**
> 整式 $P(x)$ を $x-\alpha$ で割ったときの余りは $P(\alpha)$

問題1 整式 $P(x)=x^3+3x^2-2x-4$ を $x+2$ で割ったときの余りを求めましょう。

剰余の定理から $x+2$ で割ったときの余りは
$$P(-\boxed{ア})=(-2)^3+3\cdot(-2)^2-2\cdot(-2)-4=\boxed{イ}$$

← 整式 $P(x)$ を $x-\alpha$ で割ったときの余りは $P(\alpha)$

整式 $P(x)$ が $x-\alpha$ で割ったときの余りは $P(\alpha)$ であるから
整式 $P(x)$ が $x-\alpha$ で割り切れるのは $P(\alpha)=0$ となるときです。
よって，右の定理が成り立ちます。

> **因数定理**
> 整式 $P(x)$ が $x-\alpha$ で割り切れる $\iff P(\alpha)=0$

<36 ページの問題の答え>
問題1 ア 2 イ 4

基本練習 → 答えは別冊5ページ

因数定理を用いて，次の式を因数分解せよ。

(1) $x^3 - 7x + 6$

(2) $x^3 + x^2 - 8x - 12$

因数定理を用いた因数分解

$x^3 - 3x^2 - 6x + 8$ を因数分解してみましょう。

$P(x) = x^3 - 3x^2 - 6x + 8$ とおくと $P(1) = 1^3 - 3 \cdot 1^2 - 6 \cdot 1 + 8 = 0$

$P(\alpha) = 0$ となる数 α を，定数項 8 の約数からさがす

したがって，$P(x)$ は $x-1$ で割り切れます。右のように，$P(x)$ を $x-1$ で割ると，商が $x^2 - 2x - 8$ であるから

$P(x) = (x-1)(x^2 - 2x - 8) = (x-1)(x-4)(x+2)$

よって $x^3 - 3x^2 - 6x + 8 = (x-1)(x-4)(x+2)$

$$\begin{array}{r} x^2 - 2x - 8 \\ x-1 \overline{\smash{)}x^3 - 3x^2 - 6x + 8} \\ \underline{x^3 - x^2} \\ -2x^2 - 6x \\ \underline{-2x^2 + 2x} \\ -8x + 8 \\ \underline{-8x + 8} \\ 0 \end{array}$$

ステップアップ

17 高次方程式を解こう

1章 いろいろな式　　　　　　　　　　　　　　　　　　　　　　　　　　　　　　　n 次方程式

x の整式 $P(x)$ が n 次式のとき，$P(x)=0$ の形に表される方程式を **n 次方程式** といいます。また，3 次以上の方程式を **高次方程式** といいます。

高次方程式 $P(x)=0$ は，$P(x)$ が 1 次式や 2 次式の積に因数分解できるときは簡単に解くことができます。

問題 1　方程式 $x^3=1$ を解きましょう。

1 を左辺に移項して　$x^3-1=0$
左辺を因数分解すると　$(x-1)(x^2+x+1)=0$　　← 3 次式の因数分解の公式 [2]
　　　　　　　　　　　　　　　　　　　　　　　　　$a^3-b^3=(a-b)(a^2+ab+b^2)$ を用いる
したがって，　$x-1=0$　または　$x^2+x+1=0$　← 解の公式で導く
よって，　　　$x=\boxed{\text{ア}}\ ,\ \dfrac{-1\pm\sqrt{\boxed{\text{イ}}}\,i}{2}$

問題 1 のように，3 乗して 1 となる数を **1 の 3 乗根** または **1 の立方根** といいます。
1 の 3 乗根は　$1,\ \dfrac{-1+\sqrt{3}\,i}{2},\ \dfrac{-1-\sqrt{3}\,i}{2}$　の 3 つです。

因数定理による因数分解を利用して，方程式を解いてみましょう。

問題 2　方程式 $x^3-6x^2+9x-4=0$ を解きましょう。

$P(x)=x^3-6x^2+9x-4$ とおくと
$P(1)=1^3-6\cdot1^2+9\cdot1-4=0$　　← $P(\alpha)=0$ となる数 α を，定数項 -4 の約数
　　　　　　　　　　　　　　　　　　　　　　$-1,\ 1,\ -2,\ 2,\ -4,\ 4$ の中からさがす
であるから，$P(x)$ は $x-1$ で割り切れます。
$P(x)$ を $x-1$ で割ると，右の計算から商は $x^2-5x+\boxed{\text{ウ}}$
したがって，
　　$P(x)=(x-\boxed{\text{エ}})(x^2-5x+\boxed{\text{オ}})$　← 因数分解
　　　　　$=(x-\boxed{\text{カ}})^2(x-4)$
$P(x)=0$ より　$x-\boxed{\text{カ}}=0$　または　$x-\boxed{\text{キ}}=0$
よって，$x=\boxed{\text{ク}}\ ,\ \boxed{\text{ケ}}$

```
            x² − 5x + ウ
       ┌─────────────
x − 1 ) x³ − 6x² + 9x − 4
        x³ −  x²
       ─────────
            −5x² + 9x
            −5x² + 5x
            ─────────
                  4x − 4
                  4x − 4
                  ──────
                       0
```

※　方程式 $(x-1)^2=0$ の解 $x=1$ を **2 重解**，$(x-1)^3=0$ の解 $x=1$ を **3 重解** といいます。

< 38ページの問題の答え >

問題1 ア1 イ3   問題2 ウ4 エ1 オ4 カ1 キ4 ク1 ケ4

基本練習　→ 答えは別冊6ページ

次の方程式を解け。

(1) $x^4 - 2x^2 - 15 = 0$

(2) $x^3 - x^2 - 3x + 2 = 0$

高次方程式の因数分解

因数分解を用いて　方程式　$x^4 - 3x^2 - 4 = 0$　を解いてみましょう。
$x^2 = A$　とおくと　与えられた方程式は　$A^2 - 3A - 4 = 0$
　　　　　　左辺を因数分解して　$(A-4)(A+1) = 0$
したがって　　　$A - 4 = 0$　または　$A + 1 = 0$
すなわち　　　　$x^2 - 4 = 0$　または　$x^2 + 1 = 0$
よって　　　　　$x = \pm 2,\ \pm i$

ステップアップ

センター試験にチャレンジ

1章　いろいろな式

→ 答えは別冊19ページ

1 a, b, c は定数で，$a>0$ とする。関数 $f(x)=ax^2+bx+c$ が $f(1)=4, f(2)=9$ を満たすとき $b=\boxed{アイ}a+\boxed{ウ}$，$c=\boxed{エ}a-\boxed{オ}$ となる。

このとき，方程式 $ax^2+bx+c=0$ が異なる二つの実数解をもつような a の値の範囲は

$$0<a<\boxed{カ}, \boxed{キク}<a$$

である。

とくに，$a=\dfrac{1}{3}$ のとき $ax^2+bx+c=0$ の解は $x=\boxed{ケコ}\pm\sqrt{\boxed{サシ}}$ である。

（センター試験本試）

2 実数 a について，x の2次方程式 $x^2-(a-1)x+4=0$ が虚数解をもつ条件は，

$$\boxed{アイ}<a<\boxed{ウ}$$

である。

$a=\sqrt{5}$ のときの方程式 $x^2-(\sqrt{5}-1)x+4=0$ …①

の解を α, β とすると

$\alpha^2+\beta^2=\boxed{エオ}\sqrt{\boxed{カ}}-\boxed{キ}$，$\alpha^2\beta^2=\boxed{クケ}$ である。

（センター試験追試・改）

3

a を実数とし，x の整式 A, B を

$$A = x^3 + 5x^2 + a^2x + a^2 - 6a + 20$$
$$B = x^3 + (a^2+5)x + a^2 - 6a + 30$$

とする。このとき $A - B = 5(x + \boxed{\text{ア}})(x - \boxed{\text{イ}})$ である。

(1) $P = x + \boxed{\text{ア}}$ とし，A が P で割り切れるとする。

このとき $a = \boxed{\text{ウ}}$，$A = (x^2 + 4x + \boxed{\text{エオ}})P$ である。

さらに $B = (x^2 - x + \boxed{\text{カキ}})P$ であり，A，B はともに P で割り切れる。

(2) $Q = x - \boxed{\text{イ}}$ とすると，A を Q で割った余り R は $R = \boxed{\text{ク}}(a-1)^2 + 45$ となる。

よって，どんな a についても余り R は正となり，A は Q で割り切れない。

(センター試験本試)

18 数直線上の2点間の距離

2章 図形と方程式　　　直線上にある点①

数直線上の点には実数が対応しています。
数直線上の点Pを表す実数 x を点Pの**座標**といい，
座標が x である点Pを P(x) と表します。 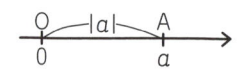
　また，原点Oと点A(a)の距離を a の**絶対値**といい，$|a|$ で表します。

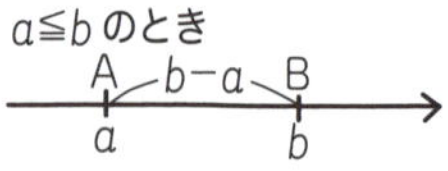

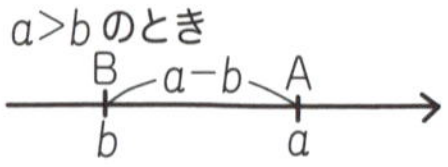

数直線上の2点 A(a)，B(b) 間の距離 AB は，
　　$a \leq b$ のとき　AB$=b-a$
　　$a > b$ のとき　AB$=a-b$
したがって，2点 A(a)，B(b) 間の距離 AB は，
A(a)，B(b) の位置に関係なく，次のように表すことができます。
　　AB$=|b-a|$

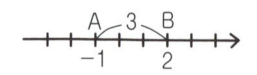

例　2点 A(-1)，B(2) 間の距離 AB は，次のようになります。
　　AB$=|2-(-1)|=|2+1|=3$

問題1　原点Oと3点 A(3)，B(7)，C(-5) について，次の距離を求めましょう。
　　(1) OA　　(2) AB　　(3) AC

(1) 原点Oと点A(3)との距離であるから
　　OA$=|$ア$\boxed{}-0|=$イ$\boxed{}$

(2) 2点 A(3)，B(7) 間の距離であるから
　　AB$=|$ウ$\boxed{}-3|=$エ$\boxed{}$

(3) 2点 A(3)，C(-5) 間の距離であるから
　　AC$=|-5-$オ$\boxed{}|=|-8|=$カ$\boxed{}$

<42ページの問題の答え>
問題1 (1)ア 3 イ 3　(2)ウ 7 エ 4　(3)オ 3 カ 8

基本練習　→ 答えは別冊6ページ

原点Oと3点A(−2)，B(3)，C(10) について，次の距離を求めよ。

(1) OA

(2) AB

(3) AC

絶対値記号をはずそう

$|x-a| = \begin{cases} x-a & (x \geqq a \text{ のとき}) \\ -x+a & (x < a \text{ のとき}) \end{cases}$ を用いると，次のようになります。

$\sqrt{3} = 1.73\cdots$ より $\sqrt{3}-1 > 0$ であるから　← 絶対値記号の中の値が正のときは，そのままはずす。
$|\sqrt{3}-1| = \sqrt{3}-1$

また $\pi = 3.14\cdots$ より $2-\pi < 0$ であるから　← 絶対値記号の中の値が負のときは，マイナスをつけてはずす。
$|2-\pi| = -(2-\pi) = \pi-2$

ステップアップ

19 数直線上の内分点・外分点

2章 図形と方程式　　直線上にある点②

線分 AB 上に点 P があって，AP：PB＝m：n が成り立つとき，点 P は線分 AB を $m:n$ に内分するといい，点 P を内分点といいます。

次に，線分 AB の延長上に点 Q があって，AQ：QB＝m：n が成り立つとき，点 Q は線分 AB を $m:n$ に外分するといい，点 Q を外分点といいます。

数直線上の内分点の座標について，一般に，右のようなことが成り立ちます。

数直線上の内分点の座標

2点 A(a)，B(b) に対して，線分 AB を $m:n$ に内分する点を P(x) とすると　$x = \dfrac{na+mb}{m+n}$

問題1
2点 A(-5)，B(7) に対して，次の点の座標を求めましょう。
(1) 線分 AB を 2：1 に内分する点 P　　(2) 線分 AB の中点 M

(1) 点 P の座標を x とすると　$x = \dfrac{1 \cdot (-5) + \boxed{ア} \cdot 7}{2 + \boxed{イ}} = \boxed{ウ}$

(2) 点 M の座標を x とすると，線分 AB の中点の座標は AB を 1：1 に内分する点であるから　$x = \dfrac{1 \cdot (-5) + \boxed{エ} \cdot 7}{1 + \boxed{オ}} = \boxed{カ}$

さらに，数直線上の外分点の座標について，右のようなことが成り立ちます。

内分の公式で n を $-n$ に置き換えたものが外分の公式になっていますね。

数直線上の外分点の座標

2点 A(a)，B(b) に対して，線分 AB を $m:n$ に外分する点を Q(x) とすると　$x = \dfrac{-na+mb}{m-n}$

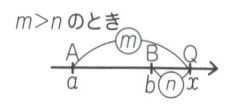

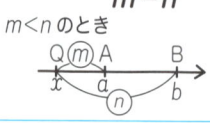

問題2
2点 A(2)，B(8) に対して，次の座標を求めましょう。
(1) 線分 AB を 2：1 に外分する点 P　　(2) 線分 AB を 2：3 に外分する点 Q

(1) 点 P の座標を x とすると　$x = \dfrac{-1 \cdot 2 + \boxed{キ} \cdot 8}{2 - \boxed{ク}} = \boxed{ケ}$

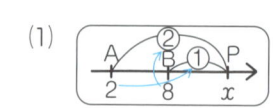

< 44, 45 ページの問題の答え >

問題 1 (1) ア 2　イ 1　ウ 3
(2) エ 1　オ 1　カ 1

問題 2 (1) キ 2　ク 1　ケ 14　コ −3　サ 2　シ −10

(2) 点 Q の座標を x とすると　$x = \dfrac{\boxed{コ} \cdot 2 + 2 \cdot 8}{\boxed{サ} - 3} = \boxed{シ}$

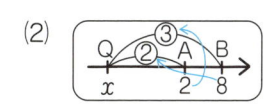

基本練習　→ 答えは別冊 6 ページ

2 点 A(−4), B(10) に対して，次の点の座標を求めよ。

(1) 線分 AB を 5 : 2 に内分する点 P

(2) 線分 AB の中点 M

(3) 線分 AB を 3 : 5 に外分する点 Q

中点 M の座標

内分点を求めるときに，中点をイメージすることで，内分点の位置に見当をつけることができます。
例えば，A(1), B(7) を 1 : 2 に内分する点 P を求めてみましょう。
$\dfrac{2 \cdot 1 + 1 \cdot 7}{1 + 2} = \dfrac{9}{3} = 3$ より，点 P は 3 です。このとき，中点 M は $\dfrac{1 + 7}{1 + 1} = \dfrac{8}{2} = 4$ となります。
つまり，点 P(3) は，中点 (4) より A に近い位置にあるということですね。
このように，中点を基準に考えて内分点の位置に見当をつけることで，計算ミスを減らすことができます。

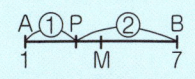

20 座標平面上の2点間の距離

2章 図形と方程式　　平面上にある点①

座標平面上の2点 A(2, 1), B(7, 4) 間の距離 AB を求めてみましょう。
右の図のように直角三角形 ABC をかくと，点 C の座標は (7, 1) です。
AC の長さは，AC=7−2=5，BC の長さは BC=4−1=3 になるので，
$AB = \sqrt{AC^2 + BC^2} = \sqrt{5^2 + 3^2} = \sqrt{34}$　← 三平方の定理

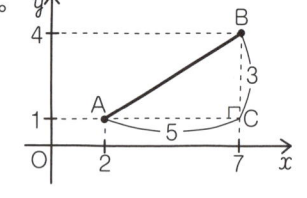

一般に，座標平面上の2点間の距離について，次のことが成り立ちます。

座標平面上の2点間の距離

2点 $A(x_1, y_1)$, $B(x_2, y_2)$ 間の距離は　$AB = \sqrt{(x_2-x_1)^2 + (y_2-y_1)^2}$
とくに，原点 O と点 $A(x_1, y_1)$ の距離は　$OA = \sqrt{x_1^2 + y_1^2}$

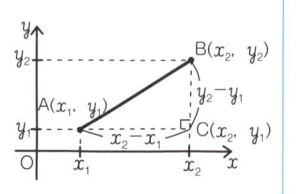

問題1　次の2点間の距離を求めましょう。
(1) A(5, 3) B(7, 2)　　(2) A(−1, 3) B(5, −1)
(3) O(0, 0) P(4, 3)　　(4) A(3, 2) B(3, −4)

(2点間の距離)$=\sqrt{(x座標の差)^2+(y座標の差)^2}$ を使って求めましょう。

(1) A(5, 3), B(7, 2) のとき
$AB = \sqrt{(7-5)^2 + (2-\boxed{ア})^2}$
$= \sqrt{2^2 + (\boxed{イ})^2} = \sqrt{\boxed{ウ}}$

(2) A(−1, 3), B(5, −1) のとき
$AB = \sqrt{\{\boxed{エ}-(-1)\}^2 + (-1-3)^2}$
$= \sqrt{\boxed{オ}^2 + (-4)^2} = \sqrt{\boxed{カ}} = \boxed{キ}\sqrt{13}$

(3) O(0, 0), P(4, 3) のとき
$OP = \sqrt{\boxed{ク}^2 + 3^2}$
$= \sqrt{\boxed{ケ}} = \boxed{コ}$

(4) A(3, 2), B(3, −4) のとき
$AB = \sqrt{(3-\boxed{サ})^2 + (-4-2)^2}$
$= \sqrt{\boxed{シ}^2 + (-6)^2} = \sqrt{\boxed{ス}} = \boxed{セ}$

別解 (4) x 座標が等しいから，y 座標だけを考えて　AB=|−4−2|=6　としてもよい。

<46ページの問題の答え>
問題1 (1)ア 3 イ −1 ウ 5　　(3)ク 4 ケ 25 コ 5
　　　(2)エ 5 オ 6 カ 52 キ 2　(4)サ 3 シ 0 ス 36 セ 6

基本練習　→ 答えは別冊6ページ

次の2点間の距離を求めよ。

(1) A(2, 7)　B(5, 1)

(2) A(−1, 2)　B(7, −4)

(3) O(0, 0)　P(2, −4)

(4) A(1, 5)　B(3, 5)

2点間の距離を用いる問題

2点 A(3, 1), B(−1, 5) から等距離にある x 軸上の点 P の座標を求めよう。

求める点 P の座標を P(x, 0) とおく。

$PA^2 = (x-3)^2 + (0-1)^2 = x^2 - 6x + 10$

$PB^2 = \{x-(-1)\}^2 + (0-5)^2 = x^2 + 2x + 26$

PA = PB すなわち $PA^2 = PB^2$ から $x^2 - 6x + 10 = x^2 + 2x + 26$

したがって $x = -2$　　よって 点 P の座標は (−2, 0)

ステップアップ

21 座標平面上の内分点・外分点

2章 図形と方程式　　平面上にある点②

2点 $A(x_1, y_1)$, $B(x_2, y_2)$ を結ぶ線分 AB を 3 : 2 に内分する点 P の座標 (x, y) を求めてみましょう。

点 A, B, P から x 軸に垂線 AA′, BB′, PP′ を下ろすと

$A'P' : P'B' = AP : PB = 3 : 2$ であるから

点 P′ は線分 A′B′ を 3 : 2 に内分する点となります。

点 A′, B′, P′ の x 座標は，それぞれ x_1, x_2, x であるから

点 P の x 座標は　$x = \dfrac{2x_1 + 3x_2}{3+2}$　←数直線上の内分点の座標と同じ

また，点 P の y 座標も同様に考えて　$y = \dfrac{2y_1 + 3y_2}{3+2}$

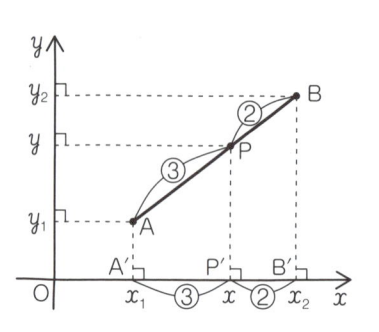

外分点の座標についても同様に考えられるから，一般に次のことが成り立ちます。

座標平面上の内分点・外分点の座標

2点 $A(x_1, y_1)$, $B(x_2, y_2)$ を結ぶ線分 AB を

$m : n$ に内分する点の座標は　$\left(\dfrac{nx_1 + mx_2}{m+n}, \dfrac{ny_1 + my_2}{m+n} \right)$

$m : n$ に外分する点の座標は　$\left(\dfrac{-nx_1 + mx_2}{m-n}, \dfrac{-ny_1 + my_2}{m-n} \right)$

とくに，線分 AB の中点の座標は　$\left(\dfrac{x_1 + x_2}{2}, \dfrac{y_1 + y_2}{2} \right)$

問題1　2点 $A(-3, 4)$, $B(5, -4)$ を結ぶ線分 AB について，次の点の座標を求めましょう。
(1) 3 : 1 に内分する点 P　　(2) 3 : 1 に外分する点 Q

(1) 点 P の座標を (x, y) とおくと

$$x = \dfrac{1 \cdot (-3) + 3 \cdot 5}{3+1} = \boxed{ア}, \quad y = \dfrac{1 \cdot \boxed{イ} + 3 \cdot (\boxed{ウ})}{3+1} = \boxed{エ}$$

よって，点 P の座標は $(\boxed{ア}, \boxed{エ})$

(2) 点 Q の座標を (x, y) とおくと

$$x = \dfrac{\boxed{オ} \cdot (-3) + \boxed{カ} \cdot 5}{3-1} = \boxed{キ}, \quad y = \dfrac{-1 \cdot 4 + 3 \cdot (-4)}{3-1} = \boxed{ク}$$

よって，点 Q の座標は $(\boxed{キ}, \boxed{ク})$

<48ページの問題の答え>
問題1 (1)ア3 イ4 ウ-4 エ-2
(2)オ-1 カ3 キ9 ク-8

基本練習 ➡ 答えは別冊7ページ

2点 A(-1, -4), B(5, 2) を結ぶ線分 AB について、次の点の座標を求めよ。

(1) 2:1 に内分する点 P

(2) 2:1 に外分する点 Q

(3) 中点 M

定点に関して対称な点

点 A(-1, 2) に関して、点 P(1, 5) と対称な点 Q の座標を求めよう。
点 Q の座標を (x, y) とすると、
線分 PQ の中点が点 A であるから

$$\frac{1+x}{2}=-1, \quad \frac{5+y}{2}=2$$

これより、$x=-3, y=-1$ よって、点 Q の座標は $(-3, -1)$

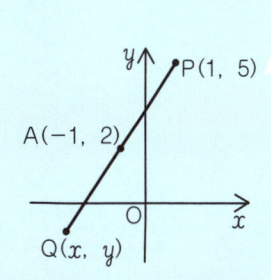

ステップアップ

22 座標平面上の三角形の重心

2章 図形と方程式　　平面上にある点③

次に，3点 A(x_1, y_1), B(x_2, y_2), C(x_3, y_3) を頂点とする△ABC の重心 G の座標を求めてみましょう。

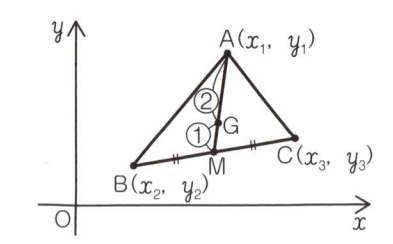

辺 BC の中点 M の座標は $\left(\dfrac{x_2+x_3}{2},\ \dfrac{y_2+y_3}{2}\right)$

重心 G(x, y) は，中線 AM を 2：1 に内分する点であるので
（頂点と対辺の中点を結んだ線分）

$$x = \dfrac{1 \cdot x_1 + 2 \cdot \dfrac{x_2+x_3}{2}}{2+1} = \dfrac{x_1+x_2+x_3}{3}$$

同様にして

$$y = \dfrac{1 \cdot y_1 + 2 \cdot \dfrac{y_2+y_3}{2}}{2+1} = \dfrac{y_1+y_2+y_3}{3}$$

よって　重心 G の座標は $\left(\dfrac{x_1+x_2+x_3}{3},\ \dfrac{y_1+y_2+y_3}{3}\right)$

三角形の重心の座標

3点 A(x_1, y_1), B(x_2, y_2), C(x_3, y_3) を頂点とする△ABC の重心 G の座標は

$$\left(\dfrac{x_1+x_2+x_3}{3},\ \dfrac{y_1+y_2+y_3}{3}\right)$$

問題 1　3点 A(3, 5), B(2, 1), C(7, 3) を頂点とする△ABC の重心 G の座標を求めましょう。

△ABC の重心の座標を (x, y) とすると

$$x = \dfrac{3 + \boxed{\text{ア}} + 7}{3} = \boxed{\text{イ}},\quad y = \dfrac{\boxed{\text{ウ}} + 1 + 3}{3} = \boxed{\text{エ}}$$

よって，点 G の座標は ($\boxed{\text{イ}}$, $\boxed{\text{エ}}$)

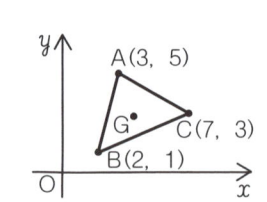

< 50ページの問題の答え >
問題1　ア 2　イ 4　ウ 5　エ 3

基本練習　→答えは別冊7ページ

3点 A(-1, 6), B(1, -4), C(3, 7) を頂点とする△ABC の重心 G の座標を求めよ。

三角形の重心の座標は3頂点の座標の平均

△ABC の頂点の座標が A(-4, 1), B(-2, 4), 重心 G の座標が (-1, 0) であるとき, 頂点 C の座標を求めよう。
点 C の座標を (x, y) とすると, △ABC の重心の x 座標, y 座標はそれぞれ

$$\frac{-4-2+x}{3}=\frac{x-6}{3}, \quad \frac{1+4+y}{3}=\frac{y+5}{3}$$

これが点 G(-1, 0) と一致するから　$\dfrac{x-6}{3}=-1$, $\dfrac{y+5}{3}=0$

これを解いて　$x=3$, $y=-5$　　よって　C(3, -5)

ステップアップ

23 直線の方程式を求めよう

2章 図形と方程式 直線の方程式

傾きが m, y 切片が n の直線の方程式は
$y=mx+n$ …① と表されます。
直線①が点 (x_1, y_1) を通るとき,
$y_1=mx_1+n$ …②
①－②より, n を消去すると
$y-y_1=m(x-x_1)$

1点を通り, 傾きが m の直線

点 (x_1, y_1) を通り, 傾きが m の
直線の方程式は
$$y-y_1=m(x-x_1)$$

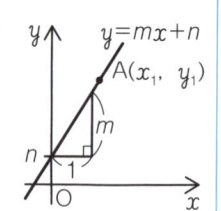

また, 異なる2点 $A(x_1, y_1)$, $B(x_2, y_2)$ を通る直線の方程式は, 右のように表されます。

2点を通る直線の方程式

2点 $A(x_1, y_1)$, $B(x_2, y_2)$ を通る直線の方程式は

$x_1 \neq x_2$ のとき $y-y_1=\dfrac{y_2-y_1}{x_2-x_1}(x-x_1)$

$x_1=x_2$ のとき $x=x_1$

問題1 次の2点 A, B を通る直線の方程式を求めましょう。
(1) A(1, 2), B(3, −4)　(2) A(−1, 5), B(2, 5)
(3) A(−2, −1), B(−2, 3)

---

(1) 2点 A(1, 2), B(3, −4) を通る直線の方程式は

$y - \boxed{ア} = \dfrac{-4-\boxed{イ}}{\boxed{ウ}-1}(x-1)$

$y - \boxed{エ} = -3(x-1)$　よって　$y = -3x + \boxed{オ}$

(2) 2点 A(−1, 5), B(2, 5) を通る直線の方程式は

$y - \boxed{カ} = \dfrac{5-\boxed{キ}}{\boxed{ク}-(-1)}\{x-(-1)\}$

$y - \boxed{ケ} = 0$　よって　$y = \boxed{コ}$

別解　2点 A(−1, 5), B(2, 5) の y 座標が5で等しいから,
この直線は x 軸に平行で　$y=5$

(3) 2点 A(−2, −1), B(−2, 3) の x 座標が $\boxed{サ}$ で等しいから,
この直線は y 軸に平行で　$x = \boxed{シ}$

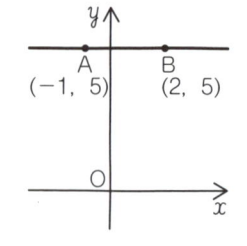

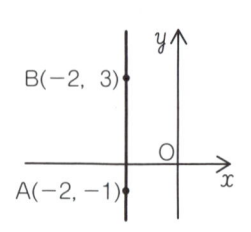

< 52 ページの問題の答え >

問題1 (1) ア 2 イ 2 ウ 3 エ 2 オ 5   (3) サ -2 シ -2
(2) カ 5 キ 5 ク 2 ケ 5 コ 5

基本練習

→ 答えは別冊7ページ

次の2点A, Bを通る直線の方程式を求めよ。

(1) A(−1, −2), B(3, 6)　　(2) A(5, −3), B(−1, −3)

(3) A(4, −1), B(4, 5)

ステップアップ

2点$(a, 0)$, $(0, b)$を通る直線の方程式

$a \neq 0$, $b \neq 0$ のとき, 求める直線の方程式は $y - 0 = \dfrac{b-0}{0-a}(x-a)$ である。

これを変形すると　$y = -\dfrac{b}{a}(x-a)$

$ay = -b(x-a)$

$bx + ay = ab$

両辺を $ab (\neq 0)$ で割ると　$\dfrac{x}{a} + \dfrac{y}{b} = 1$

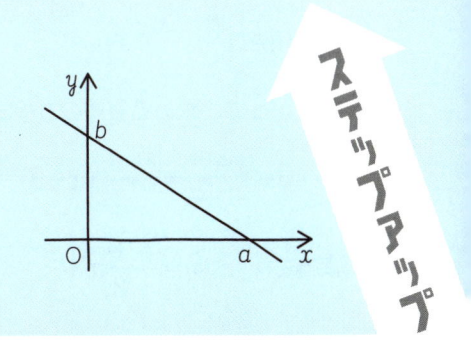

24 2直線の平行・垂直

2章 図形と方程式　　2直線の関係①

2直線 $y=2x-1$, $y=2x+1$ は傾きが等しく，平行ですね。一般に，2直線 $y=mx+n$, $y=m'x+n'$ が平行ならば傾きは等しく，逆に，傾きが等しければ平行です。

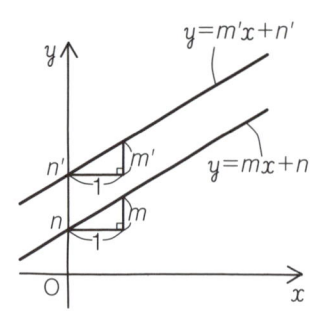

2直線の平行

2直線 $y=mx+n$, $y=m'x+n'$ が平行 $\iff m=m'$

とくに，$m=m'$, $n=n'$ のとき，2直線は一致しますが，この場合も平行と考えます。

問題1 点 $(2, 3)$ を通り，直線 $y=2x+1$ に平行な直線の方程式を求めましょう。

直線 $y=2x+1$ の傾きは ア なので，この直線と平行な直線の傾きも イ です。

したがって，求める直線の方程式は

$$y - \boxed{ウ} = \boxed{エ}(x-2)$$

よって　　$y = 2x - \boxed{オ}$

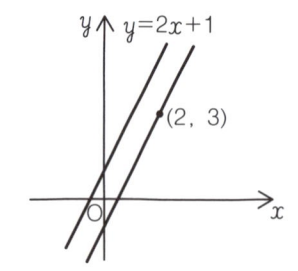

2直線 $y=mx+n$, $y=m'x+n'$ が垂直であるとき，次のような関係が成り立ちます。

2直線の垂直

2直線 $y=mx+n$, $y=m'x+n'$ が垂直 $\iff mm' = -1$

問題2 点 $(3, 2)$ を通り，直線 $y=3x-1$ に垂直な直線の方程式を求めましょう。

直線 $y=3x-1$ の傾きは カ なので，この直線と垂直な直線の傾きは $\dfrac{キ}{}$ です。

したがって　求める直線の方程式は

$$y - \boxed{ク} = \boxed{\dfrac{ケ}{}}(x-3)$$

よって　　$y = -\dfrac{1}{3}x + \boxed{コ}$

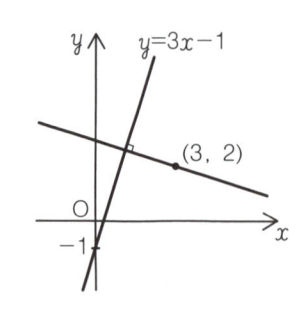

< 54ページの問題の答え >

問題1 ア2 イ2 ウ3 エ2 オ1　　　問題2 カ3 キ$-\dfrac{1}{3}$ ク2 ケ$-\dfrac{1}{3}$ コ3

基本練習　→ 答えは別冊7ページ

点 $(-1,\ 2)$ を通り，直線 $3x-y+2=0$ に平行な直線と垂直な直線の方程式をそれぞれ求めよ。

線分の垂直二等分線の方程式を求めてみよう

2点 A$(-1,\ 3)$, B$(3,\ -5)$ を結ぶ線分 AB の垂直二等分線の方程式を求めてみよう。

線分 AB の中点 M の座標は $(1,\ -1)$ です。 ← $x=\dfrac{(-1)+3}{2}=1$, $y=\dfrac{3+(-5)}{2}=-1$

直線 AB の傾きは $\dfrac{-5-3}{3-(-1)}=-2$ であるから，求める垂直二等分線の傾きは $\dfrac{1}{2}$ である。

よって，線分 AB の垂直二等分線の方程式は，点 M を通り，傾きが $\dfrac{1}{2}$ であるから

$y+1=\dfrac{1}{2}(x-1)$　すなわち　$y=\dfrac{1}{2}x-\dfrac{3}{2}$

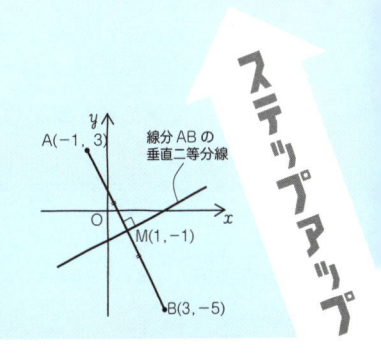

ステップアップ

25 点と直線の距離

2章 図形と方程式　　**2直線の関係②**

直線 l 上にない点 P から l に下ろした垂線 PH の長さを点 P と直線 l の<u>距離</u>といいます。

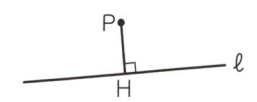

点 $P(x_1, y_1)$ と直線 $ax+by+c=0$ の距離は，次のようになります。

点と直線の距離

点 $P(x_1, y_1)$ と直線 $ax+by+c=0$ の距離 d は
$$d = \frac{|ax_1+by_1+c|}{\sqrt{a^2+b^2}}$$

とくに，原点 O と直線 $ax+by+c=0$ の距離 d は
$$d = \frac{|c|}{\sqrt{a^2+b^2}}$$

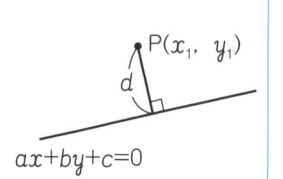

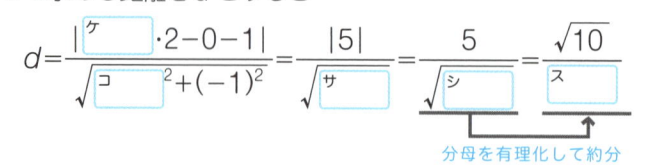

問題1 次の点と直線の距離を求めましょう。
(1) 原点 O と直線 $x+y+2=0$
(2) 点 $(3, 1)$ と直線 $3x-4y+5=0$
(3) 点 $(2, 0)$ と直線 $y=3x-1$

(1) 原点 O と直線 $x+y+2=0$ の距離を d とすると
$$d = \frac{|2|}{\sqrt{\boxed{ア}^2+1^2}} = \frac{2}{\sqrt{\boxed{イ}}} = \sqrt{\boxed{ウ}}$$
↑分母を有理化して約分

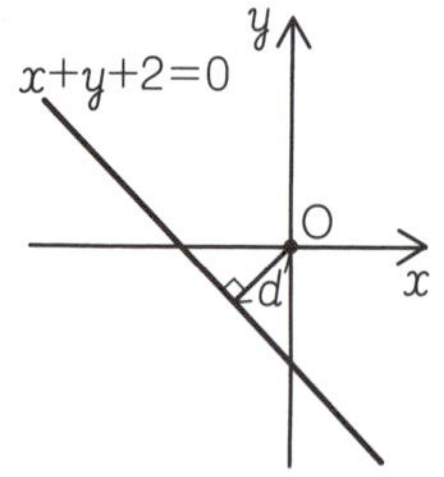

(2) 点 $(3, 1)$ と直線 $3x-4y+5=0$ の距離を d とすると
$$d = \frac{|3 \cdot \boxed{エ} - 4 \cdot 1 + 5|}{\sqrt{3^2+(\boxed{オ})^2}} = \frac{|10|}{\sqrt{\boxed{カ}}} = \frac{10}{\boxed{キ}} = \boxed{ク}$$

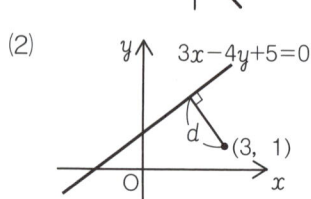

(3) 直線の方程式は $3x-y-1=0$ と変形できる。
よって求める距離を d とすると
$$d = \frac{|\boxed{ケ} \cdot 2 - 0 - 1|}{\sqrt{\boxed{コ}^2+(-1)^2}} = \frac{|5|}{\sqrt{\boxed{サ}}} = \frac{5}{\sqrt{\boxed{シ}}} = \frac{\sqrt{10}}{\boxed{ス}}$$
↑分母を有理化して約分

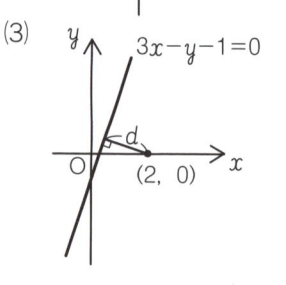

<56 ページの問題の答え>

問題1 (1)ア 1　イ 2　ウ 2　　(3)ケ 3　コ 3　サ 10　シ 10　ス 2
　　　　(2)エ 3　オ −4　カ 25　キ 5　ク 2

基本練習　→ 答えは別冊8ページ

次の点と直線の距離を求めよ。

(1) 原点 O と直線 $2x-y-5=0$

(2) 点 $(3, 5)$ と直線 $4x+3y-12=0$

(3) 点 $(-3, 1)$ と直線 $y=-2x+5$

点と直線の距離の公式の利用

3点 A$(-1, -5)$, B$(1, 1)$, C$(2, -1)$ を頂点とする三角形の面積を求めてみよう。
三角形の底辺を辺 BC と考えると，その長さは　BC$=\sqrt{(2-1)^2+(-1-1)^2}=\sqrt{5}$
直線 BC の方程式は　$y-1=-2(x-1)$　すなわち　$2x+y-3=0$　である。
また，三角形の高さ h は点 A と直線 BC の距離と等しいから

$$h=\frac{|2\cdot(-1)+1\cdot(-5)-3|}{\sqrt{2^2+1^2}}=\frac{|-10|}{\sqrt{5}}=\frac{10}{\sqrt{5}}=2\sqrt{5}$$

よって，三角形 ABC の面積は　$\frac{1}{2}\cdot\sqrt{5}\cdot 2\sqrt{5}=5$

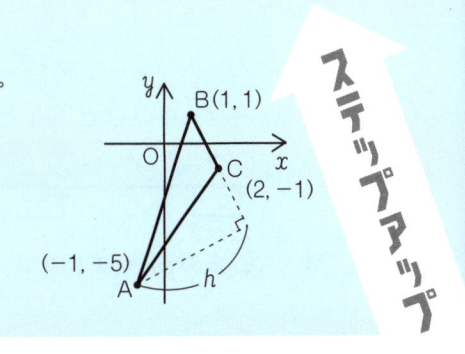

ステップアップ

26 円の方程式を求めよう

2章 図形と方程式 円の方程式①

中心が C, 半径が r の円は, 平面上で, CP=r を満たす点 P 全体の集合です。座標平面上で, 中心 C の座標を (a, b), 点 P の座標を (x, y) とすると

$$\sqrt{(x-a)^2+(y-b)^2}=r \quad \leftarrow \text{2点間の距離の式}$$

すなわち $(x-a)^2+(y-b)^2=r^2$

これが中心 (a, b), 半径 r の円の方程式です。

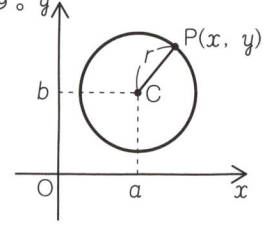

円の方程式

中心 (a, b), 半径 r の円の方程式は $(x-a)^2+(y-b)^2=r^2$
とくに, 中心が原点で半径 r の円の方程式は $x^2+y^2=r^2$

問題 1 次のような円の方程式を求めましょう。
(1) 点 C(−2, 1) を中心とし, 点 A(1, 3) を通る円
(2) 点 C(3, 4) を中心とし, 原点 O を通る円
(3) 2点 A(−2, −3), B(4, 5) を直径を両端とする円

(1) 点 C(−2, 1) を中心とし, 点 A(1, 3) を通る円の半径は

$$AC=\sqrt{(1+\boxed{ア})^2+(\boxed{イ}-1)^2}=\sqrt{\boxed{ウ}}$$

よって, 求める円の方程式は $(x+2)^2+(y-\boxed{エ})^2=\boxed{オ}$

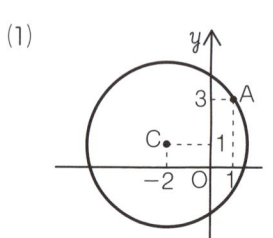

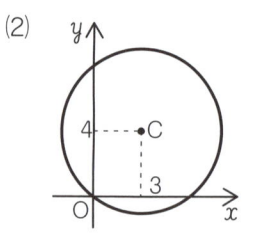

(2) 点 C(3, 4) を中心とし, 原点 O を通る円の半径は

$$OC=\sqrt{3^2+\boxed{カ}^2}=\sqrt{\boxed{キ}}=\boxed{ク}$$

よって, 求める円の方程式は $(x-\boxed{ケ})^2+(y-4)^2=\boxed{コ}$

(3) 2点 A(−2, −3), B(4, 5) を直径の両端とする円の中心を C(a, b) とする。

点 C は線分 AB の中点であるから

$$a=\frac{-2+4}{2}=\boxed{サ}, \quad b=\frac{-3+5}{2}=\boxed{シ}$$

すなわち, 円の中心 C は $(\boxed{サ}, \boxed{シ})$

円の半径は, 中心 C と点 A との距離であるから

$$\sqrt{(-2-\boxed{サ})^2+(-3-\boxed{シ})^2}=\sqrt{\boxed{ス}}=\boxed{セ}$$

↑ x 座標の差   ↑ y 座標の差

よって, 求める円の方程式は $(x-\boxed{サ})^2+(y-\boxed{シ})^2=\boxed{ソ}$

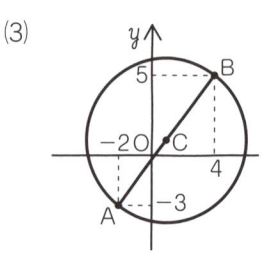

< 58ページの問題の答え >

問題1 (1)ア 2 イ 3 ウ 13 エ 1 オ 13   (3)サ 1 シ 1 ス 25 セ 5 ソ 25
(2)カ 4 キ 25 ク 5 ケ 3 コ 25

基本練習 →答えは別冊8ページ

次のような円の方程式を求めよ。

(1) 点 C(1, −4) を中心とし，点 A(−2, −3) を通る円

(2) 点 C(3, −1) を中心とし，原点 O を通る円

(3) 2点 A(−1, −2), B(3, 2) を直径の両端とする円

座標軸に接する円

座標軸に接する円の半径は，円の中心の座標から求めます。

ⅰ) 円が x 軸に接するとき
点 (1, 3) を中心とし，
x 軸に接する円
円の半径は 3 であるから，
円の方程式は，
$(x-1)^2+(y-3)^2=9$

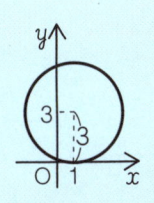

ⅱ) 円が y 軸に接するとき
点 (2, 3) を中心とし，
y 軸に接する円
円の半径は 2 であるから，
円の方程式は，
$(x-2)^2+(y-3)^2=4$

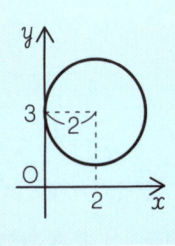

ステップアップ

27　$x^2+y^2+\ell x+my+n=0$ の図形

2章　図形と方程式　　円の方程式②

円の方程式 $(x-1)^2+(y+3)^2=25$ は，展開して整理すると $x^2+y^2-2x+6y-15=0$ となります。

一般に，円の方程式は ℓ, m, n を定数として $x^2+y^2+\ell x+my+n=0$ の形で表されます。

問題1　次の方程式はどのような図形を表すか調べましょう。
$$x^2+y^2+4x-6y-3=0$$

方程式 $x^2+y^2+4x-6y-3=0$ を変形すると $(x^2+4x)+(y^2-6y)=3$

$(x^2+4x+\boxed{ア})+(y^2-6y+\boxed{イ})=3+\boxed{ア}+\boxed{イ}$　←両辺に同じ数を加える

└─（　）^{2} の形をつくる─┘

よって $(x+\boxed{ウ})^2+(y-\boxed{エ})^2=16$

この方程式は，点 $(-2, 3)$ を中心とする半径 $\boxed{オ}$ の円を表します。

問題2　次の3点を通る円の方程式を求めましょう。
$$A(-4, 1),\ B(-2, -1),\ C(2, 3)$$

求める円の方程式を $x^2+y^2+\ell x+my+n=0$ とおくと，

この円が点 A(-4, 1) を通るから $16+\boxed{カ}-4\ell+m+n=0$　← $x=-4$, $y=1$ を代入する

点 B(-2, -1) を通るから $\boxed{キ}+1-2\ell-m+n=0$　← $x=-2$, $y=-1$ を代入する

点 C(2, 3) を通るから $4+9+2\ell+\boxed{ク}m+n=0$　← $x=2$, $y=3$ を代入する

したがって $\begin{cases} -4\ell+m+n=-17 & \cdots① \\ -2\ell-m+n=-5 & \cdots② \\ 2\ell+3m+n=-13 & \cdots③ \end{cases}$

①-②より　$-2\ell+2m=-12$
　　　　　$\ell-m=\boxed{ケ}$　…④　←両辺を -2 で割る

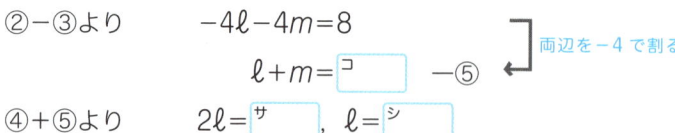

②-③より　$-4\ell-4m=8$
　　　　　$\ell+m=\boxed{コ}$　…⑤　←両辺を -4 で割る

④+⑤より　$2\ell=\boxed{サ}$，$\ell=\boxed{シ}$

④より　$m=\boxed{ス}$　　②より　$n=\boxed{セ}$

よって，求める円の方程式は $x^2+y^2+\boxed{ソ}x-\boxed{タ}y-5=0$

このような円を，3点 A, B, C を頂点とする △ABC の<u>外接円</u>といい，その中心を<u>外心</u>といいます。

<60ページの問題の答え>

問題1 ア 4 イ 9 ウ 2 エ 3 オ 4

問題2 カ 1 キ 4 ク 3 ケ 6 コ −2
サ 4 シ 2 ス −4 セ −5 ソ 2 タ 4

基本練習 → 答えは別冊8ページ

次の問いに答えよ。

(1) 方程式 $x^2+y^2+10x-8y+25=0$ はどのような図形を表すか。

(2) 3点 A(-3, -2), B(0, 1), C(3, 0) を通る円の方程式を求めよ。

図形を表さない方程式

方程式 $x^2+y^2+2x-4y+8=0$ はどのような図形を表すでしょう。
式を変形すると，$(x^2+2x)+(y^2-4y)=-8$
$(x+1)^2+(y-2)^2=-3$
左辺は2乗の合計であるので，必ず<u>正の数</u>になります。
0以上の数
よって，この等式は成り立たず，等式が表す図形もありません。

ステップアップ

28 円と直線の共有点の個数

2章 図形と方程式　　円と直線①

円と直線の共有点の座標は，円と直線の方程式を連立方程式とみたときの実数解として得られます。

> **問題1** 円 $x^2+y^2=5$ と次の直線の共有点の座標を求めましょう。
> (1) $y=x-1$　　　(2) $y=2x+5$

方程式 $x^2+y^2=5$ は原点 O を中心とし，半径が $\sqrt{5}$ の円ですね。この円と各直線の解を求めていきましょう。

(1) $\begin{cases} x^2+y^2=5 & \cdots ① \\ y=x-1 & \cdots ② \end{cases}$

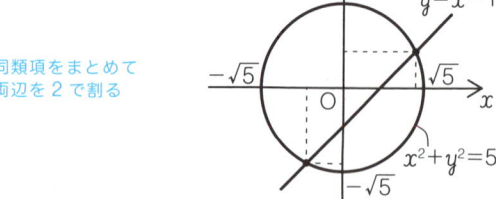

②を①に代入すると　　$x^2+(x-1)^2=5$

整理して　　$x^2-x-\boxed{ア}=0$　← 同類項をまとめて両辺を2で割る

　　　　　　$(x-2)(x+\boxed{イ})=0$

これを解くと，$x=2,\ \boxed{ウ}$

②より $x=2$ のとき $y=\boxed{エ}$，　$x=\boxed{オ}$ のとき $y=-2$

よって，共有点の座標は $(2,\ \boxed{エ}),\ (\boxed{オ},\ -2)$

(2) $\begin{cases} x^2+y^2=5 & \cdots ① \\ y=2x+5 & \cdots ② \end{cases}$

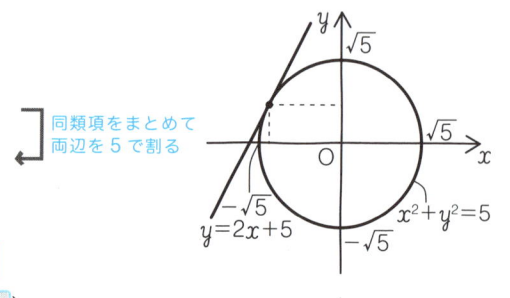

②を①に代入すると　　$x^2+(2x+5)^2=\boxed{カ}$

整理して　　$x^2+\boxed{キ}x+4=0$　← 同類項をまとめて両辺を5で割る

　　　　　　$(x+\boxed{ク})^2=0$

これを解くと $x=\boxed{ケ}$　②より $y=\boxed{コ}$

よって，共有点はただ1つで，その座標は $(\boxed{ケ},\ \boxed{コ})$

問題1 (2)のように，円と直線がただ1点を共有するとき，円と直線は<u>接する</u>といい，この直線を円の<u>接線</u>，共有点を<u>接点</u>といいます。

円と直線の共有点の個数は，円と直線の方程式を連立させて得られる x または y の2次方程式の実数解の個数と同じです。

この2次方程式の判別式を D とすると，D の符号により，円と直線の共有点の個数は次のようになります。

↑ $ax^2+bx+c=0$ の場合，$D=b^2-4ac$

> **円と直線の共有点の個数**
>
> $D>0 \iff$ 円と直線の共有点は2個
> $D=0 \iff$ 円と直線の共有点は1個
> $D<0 \iff$ 円と直線の共有点はない

<62ページの問題の答え>
問題1 (1)ア2 イ1 ウ-1 エ1 オ-1
(2)カ5 キ4 ク2 ケ-2 コ1

基本練習 → 答えは別冊8ページ

円 $x^2+y^2=2$ と次の直線の共有点の個数を求めよ。

(1) $y=-x+3$

(2) $y=2x-1$

(3) $y=x+2$

円と直線の共有点の個数をまとめよう

円と直線の方程式を連立させて得られる式が $ax^2+bx+c=0$ （判別式 $D=b^2-4ac$）のとき，円と直線の共有点の個数は右のようにまとめることができます。

D の符号	$D>0$	$D=0$	$D<0$
共有点	2個	1個	0個
円と直線の位置関係	2点で交わる	接する	共有点はない

ステップアップ

29 円の接線を求めよう

2章 図形と方程式　　円と直線②

円と直線の共有点の個数が1個のとき，円と直線は接するといい，この直線を円の接線，共有点を接点といいましたね。

一般に，円の接線について，右のことが成り立ちます。

円の接線の方程式

円 $x^2+y^2=r^2$ 上の点 (x_1, y_1) における接線の方程式は
$$x_1x+y_1y=r^2$$

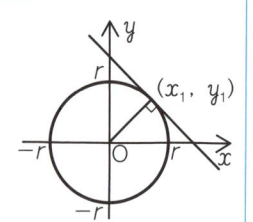

問題1 次の円上の点Pにおける接線の方程式を求めましょう。
(1) $x^2+y^2=25$, P(3, 4)　　(2) $x^2+y^2=5$, P(−1, 2)

(1) $x^2+y^2=25$, P(3, 4)

　$\boxed{ア}\cdot x+\boxed{イ}\cdot y=25$　← P(3, 4)を代入

　すなわち　$\boxed{ア}x+\boxed{イ}y=25$

(2) $x^2+y^2=5$, P(−1, 2)

　$(\boxed{ウ})x+\boxed{エ}y=5$　← P(−1, 2)を代入

　すなわち　$-x+\boxed{エ}y=5$

問題2 点(2, 1)を通り，円 $x^2+y^2=1$ に接する直線の方程式を求めましょう。

接線の接点の座標を $P(x_1, y_1)$ として，x_1, y_1 の連立方程式を立てましょう。

接線の方程式は　$x_1x+y_1y=\boxed{オ}$　…①

①が点(2, 1)を通るから　$\boxed{カ}x_1+y_1=1$

すなわち　$y_1=1-\boxed{カ}x_1$　…②

また，点 $P(x_1, y_1)$ は円周上にあるから　$x_1^2+y_1^2=\boxed{キ}$　…③

②を③に代入すると　$x_1^2+(1-\boxed{ク}x_1)^2=1$

整理して　$\boxed{ケ}x_1^2-4x_1=0$

　$x_1(5x_1-\boxed{コ})=0$　これを解くと　$x_1=\boxed{サ}, \dfrac{4}{5}$

②より　$x_1=0$ のとき $y_1=\boxed{シ}$，$x_1=\dfrac{4}{5}$ のとき $y_1=-\dfrac{\boxed{ス}}{5}$

これらの値を①に代入して，求める接線の方程式は

　$y=\boxed{セ}, \dfrac{4}{5}x-\dfrac{3}{5}y=1$

すなわち　$y=\boxed{セ}, 4x-3y=\boxed{ソ}$　このとき，接点の座標は $(0, 1), \left(\dfrac{4}{5}, -\dfrac{3}{5}\right)$

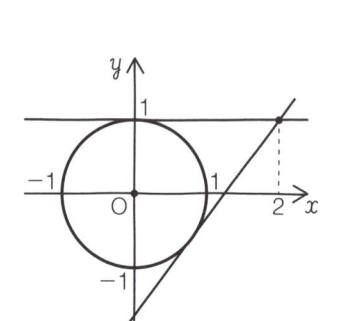

↑ 円の外部の点から円に引いた接線は2本ある

<64ページの問題の答え>

問題1 (1)ア 3　イ 4
　　　　(2)ウ −1　エ 2

問題2 オ 1　カ 2　キ 1　ク 2　ケ 5
　　　　コ 4　サ 0　シ 1　ス 3　セ 1　ソ 5

基本練習　→ 答えは別冊9ページ

点 $(3, 1)$ を通り，円 $x^2+y^2=5$ に接する直線の方程式を求めよ。

点と直線の距離の公式を用いた解法

問題2 を，別の方法で求めてみましょう。求める接線の傾きを m とすると，点 $(2, 1)$ を通るので $y-1=m(x-2)$
すなわち $mx-y-2m+1=0$ …① 円の中心 $O(0, 0)$ と直線①との距離は，円の半径 1 に等しいから，

$$\frac{|m\cdot 0 - 0 - 2m+1|}{\sqrt{m^2+(-1)^2}} = 1$$

← 円の中心 (x_1, y_1) と直線 $ax+by+c=0$ の距離は $\dfrac{|ax_1+by_1+c|}{\sqrt{a^2+b^2}}$

$|-2m+1| = \sqrt{m^2+1}$
$(-2m+1)^2 = m^2+1$　　$|A|^2 = A^2$

$3m^2 - 4m = 0$　$m(3m-4) = 0$　　したがって，$m = 0, \dfrac{4}{3}$　　よって ①より $y=1, 4x-3y=5$

ステップアップ

065

30 軌跡を求めよう

2章 図形と方程式　　　軌跡と方程式

平面上である条件を満たす点全体の集合が作る図形をこの条件を満たす点の**軌跡**といいます。

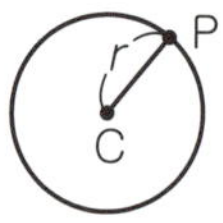

例 定点 C から一定の距離 r にある点 P の軌跡は，点 C を中心とする半径 r の円である。

一般に，与えられた条件を満たす点 P の軌跡を求めるには，座標を用いて次の①，②を示します。

① 点 P の座標を (x, y) とおいて，与えられた条件を x, y の関係式で表し，この関係式が表す図形を求める。

② ①で求めた図形上の任意の点 P が，与えられた条件を満たすことを示す。

ただし，①の手順を逆にたどり，条件が成り立つことがわかるときは，②を省略できます。

座標を利用して，与えられた条件を満たす点の軌跡を求めてみましょう。

問題 1　2点 A(2, 0), B(0, 4) から等距離にある点 P の軌跡を求めましょう。

条件を満たす点 P の座標を (x, y) とすると　AP＝BP

両辺を平方して　$AP^2＝BP^2$

したがって　$(x-\boxed{ア})^2+y^2=x^2+(y-\boxed{イ})^2$

← 2点 $P(x_1, y_1)$, $Q(x_2, y_2)$ の距離は $PQ=\sqrt{(x_2-x_1)^2+(y_2-y_1)^2}$

整理すると　$x^2-4x+\boxed{ウ}+y^2=x^2+y^2-8y+\boxed{エ}$

$x-2y+\boxed{オ}=0$ …①

よって，点 P は直線①の上にある。

逆に，直線①上の任意の点 P は　AP＝BP　を満たす。

以上より，求める点 P の軌跡は，直線　$x-2y+\boxed{オ}=0$

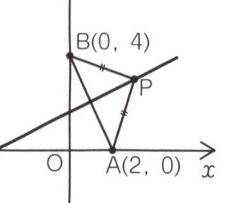

※ 問題1 の点 P の軌跡は，線分 AB の垂直二等分線である。

問題 2　2点 A(−2, 0), B(1, 0) からの距離の比が 2：1 である点 P の軌跡を求めましょう。

条件を満たす点 P の軌跡を (x, y) とすると

　　AP：BP＝2：1 より AP＝2BP　← 内項，外項の積は等しい

両辺を平方して　$AP^2=\boxed{カ}BP^2$

したがって　$(x+\boxed{キ})^2+y^2=4\{(x-\boxed{ク})^2+y^2\}$

　　$x^2+\boxed{ケ}x+4+y^2=4(x-\boxed{コ})^2+4y^2$

　　$x^2+\boxed{ケ}x+4+y^2=4x^2-\boxed{サ}x+4+4y^2$

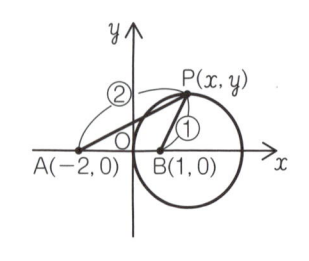

< 66, 67 ページの問題の答え >
問題1 ア2 イ4 ウ4 エ16 オ3
問題2 カ4 キ2 ク1 ケ4 コ1
サ8 シ12 ス4 セ2

整理すると $3x^2+3y^2-\boxed{シ}x=0$
$x^2+y^2-4x=0$
$(x-2)^2+y^2=\boxed{ス}$ …①

よって，点 P は①の円上にある。

逆に，円上の任意の点 P は $AP=2BP$ を満たす。

以上より，求める点 P の軌跡は，中心 $(2, 0)$，半径 $\boxed{セ}$ の円である。

基本練習 → 答えは別冊9ページ

2点 $A(-3, 0)$，$B(5, 0)$ からの距離の比が $1:3$ である点 P の軌跡を求めよ。

2点を内分する点と外分する点の軌跡

一般に，$m \neq n$ のとき，2定点 A, B に対して
$AP:PB=m:n$

を満たす点 P の軌跡は，線分 AB を $m:n$ に内分する点と外分する点を直径の両端とする円になります。この円をアポロニウスの円といいます。

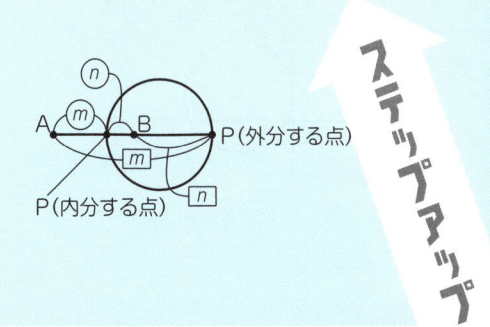

ステップアップ

31 不等式の表す領域とは？

2章 図形と方程式 / 不等式の表す領域①

一般に，x, y についての不等式があるとき，その不等式を満たす点 (x, y) 全体の集合を，**不等式の表す領域** といいます。

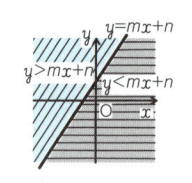

直線で分けられた領域

不等式 $y > mx+n$ の表す領域は，直線 $y = mx+n$ の上側
不等式 $y < mx+n$ の表す領域は，直線 $y = mx+n$ の下側

※ $y \geqq mx+n$ の表す領域は，境界線 $y = mx+n$ を含む領域になります。

問題1
次の不等式の表す領域を斜線をひいて図示しましょう。
(1) $y > 2x-4$
(2) $y \leqq -x+2$

(1) ただし，境界線は含まない。

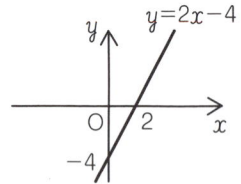

(2) ただし，境界線を含む。

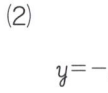

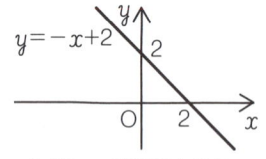

円で分けられた領域

不等式 $x^2+y^2 < r^2$ の表す領域は，円 $x^2+y^2 = r^2$ の内部
不等式 $x^2+y^2 > r^2$ の表す領域は，円 $x^2+y^2 = r^2$ の外部

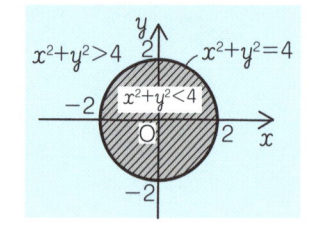

※ 不等式 $x^2+y^2 < 4$ の表す領域は，円 $x^2+y^2 = 4$ の内部である。
よって，右図の斜線部分で，境界線は含まない。

問題2
次の不等式の表す領域を斜線をひいて図示しましょう。
(1) $(x-2)^2+(y-1)^2 < 4$
(2) $x^2+y^2+2x+2y-3 \geqq 0$

(1) ただし，境界線は含まない。

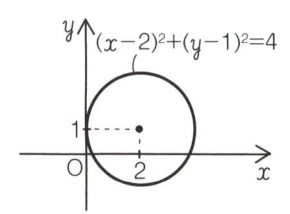

(2) 与えられた不等式を変形すると
$(x+1)^2+(y+1)^2 \geqq \boxed{ア}$

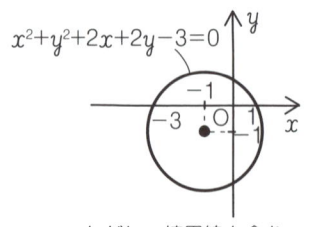

ただし，境界線を含む。

< 68 ページの問題の答え >

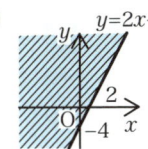

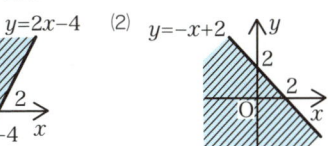

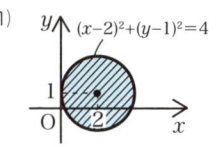

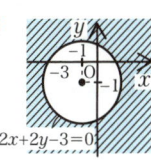

問題1 (1) $y=2x-4$　(2) $y=-x+2$　　問題2 (1) $(x-2)^2+(y-1)^2=4$　(2) ア 5　$x^2+y^2+2x+2y-3=0$

基本練習　→ 答えは別冊9ページ

次の不等式の表す領域を図示せよ。

(1) $2x+3y-6\geqq 0$

(2) $x^2+y^2-6x+2y+1\leqq 0$

不等式の表す領域（x軸，y軸に平行な直線）

不等式 $x>k$ の表す領域は，直線 $x=k$ の右側です。
一方，不等式 $x<k$ の表す領域は，直線 $x=k$ の左側です。
不等式 $y>k$ の表す領域は，直線 $y=k$ の上側です。
一方，不等式 $y<k$ の表す領域は，直線 $y=k$ の下側です。

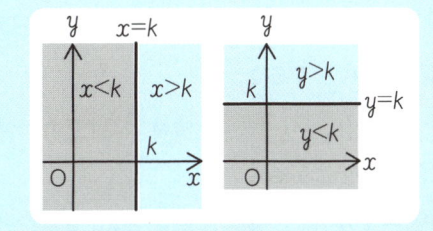

ステップアップ

32 連立不等式の表す領域とは？

2章 図形と方程式　　不等式の表す領域②

2つの不等式を同時に満たす領域は，それぞれの不等式が表す領域の共通部分です。

2つの不等式 $\begin{cases} y < -x+3 & \cdots ① \\ y > 3x+1 & \cdots ② \end{cases}$ を同時に満たす領域を考えます。

不等式①の表す領域は直線 $y = -x+3$ の下側の部分 A（図1）で，
不等式②の表す領域は直線 $y = 3x-1$ の上側の部分 B（図2）です。

よって，不等式①，②を同時に満たす領域は A，B の共通部分で，斜線部分 C（図3）。ただし，境界線は含まない。

このように，2つ以上の不等式を同時に満たす点の集合を連立不等式の表す領域といいます。

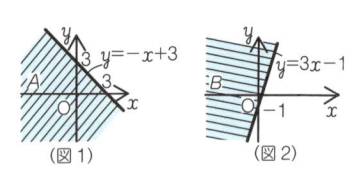

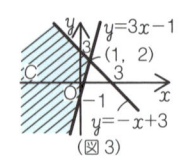

問題1　連立不等式 $\begin{cases} y \leq x+1 & \cdots ① \\ x^2+y^2 \leq 5 & \cdots ② \end{cases}$ の表す領域を斜線をひいて図示しましょう。

不等式①の表す領域は，直線 $y=x+1$ およびその［ア］側の部分である。ただし，境界線を含む。

不等式②の表す領域は，
　円 $x^2+y^2=5$ の［イ］部および周である。ただし，境界線を含む。

よって，あたえられた連立不等式の表す領域は，不等式①，②の表す領域の共通部分である。ただし，境界線を含む。

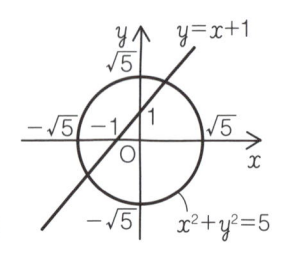

問題2　不等式 $(x-y+3)(2x+y-1) > 0$ の表す領域を図示しましょう。

与えられた不等式が成り立つことは，

連立不等式 $\begin{cases} x-y+3 > 0 \\ 2x+y-1 \; \boxed{ウ} \; 0 \end{cases} \cdots ①$ 　または　 $\begin{cases} x-y+3 \; \boxed{エ} \; 0 \\ 2x+y-1 < 0 \end{cases} \cdots ②$ 　← ウ・エには不等号が入ります。

不等式 $AB > 0$ は，$A > 0$，$B > 0$ または，$A < 0$，$B < 0$
不等式 $AB < 0$ は，$A > 0$，$B < 0$ または，$A < 0$，$B > 0$　が成り立つことと同じである。

①の表す領域を A とすると
直線 $x-y+3=0$ の［オ］側で，直線 $2x+y-1=0$ の［カ］側である。

②の表す領域を B とすると
直線 $x-y+3=0$ の［キ］側で，直線 $2x+y-1=0$ の［ク］側である。

求める領域は，A と B を合わせた部分である。ただし，境界線は含まない。

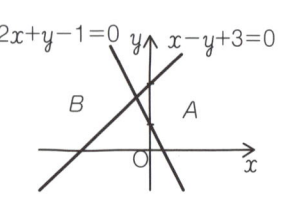

< 70ページの問題の答え >

問題1　ア下　イ内

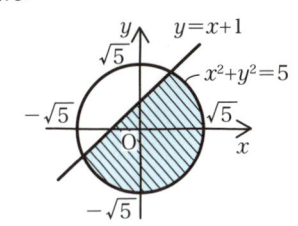

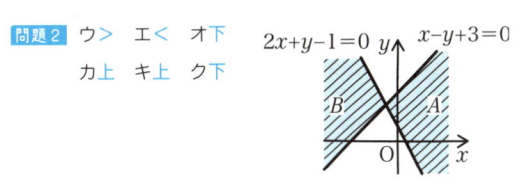

問題2　ウ>　エ<　オ下　カ上　キ上　ク下

基本練習　→ 答えは別冊9ページ

次の不等式の表す領域を図示せよ。

$(x-y+2)(3x+y-6)<0$

いろいろな不等式の表す領域

不等式 $(x^2+y^2-4)(x-y+1)<0$ の表す領域を図示しよう。
与えられた不等式が成り立つには

$\begin{cases} x^2+y^2-4>0 \\ x-y+1<0 \end{cases}$ …①　または　$\begin{cases} x^2+y^2-4<0 \\ x-y+1>0 \end{cases}$ …②

求める領域は，①の表す領域と，②の表す領域を合わせた右の図の斜線部分である。ただし，境界線は含まない。

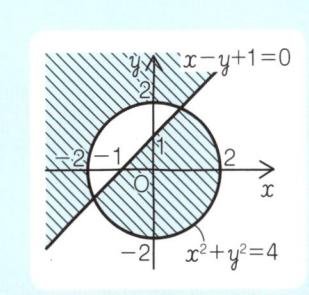

ステップアップ

センター試験にチャレンジ

2章 図形と方程式

→ 答えは別冊20ページ

1 座標平面上の3点A(1, 1), B(3, -1), C(7, 3)を通る円をSとし,その中心をDとする。
直線ABの傾きは[アイ]であり,直線BCの傾きは[ウ]であるから,∠ABCは[エオ]°に等しい。
したがって,Sの中心Dの座標は([カ], [キ]),半径は$\sqrt{クケ}$であり,
Sの方程式は $(x-[カ])^2+(y-[キ])^2=[クケ]$ となる。

(センター試験追試・改)

2 座標平面上の2点O(0, 0), A(4, 3)に対して OP:AP=2:3 を満たす点Pの軌跡をCとする。
C上の点Pの座標を(x, y)とすると $AP^2=(x-[ア])^2+(y-[イ])^2$ である。
また [ウ]$OP^2=$[エ]AP^2 (ただし[ウ]$\neq 0$) より
x, yは関係式
$$x^2+y^2+\frac{[オカ]}{[キ]}x+\frac{[クケ]}{[コ]}y-[サシ]=0$$ を満たす。
したがって,Cは点Q$\left(\dfrac{[スセソ]}{[タ]}, \dfrac{[チツテ]}{[ト]}\right)$を中心とする半径[ナ]の円である。

(センター試験本試・改)

3

Oを原点とする座標平面上に点A(4, 2)をとり，2点O，Aからの距離の比が$\sqrt{3}$：1である点の軌跡をCとする。点PがC上を動くとき，三角形OAPの面積の最大値を求めよう。

PがC上にあるとき $OP^2 = \boxed{3}\,AP^2$ であるから

Cは $(x-\boxed{6})^2 + (y-\boxed{3})^2 = \boxed{15}$ ……① である。

Pが円C上を動くとき，OAを底辺とする三角形OAPの高さの最大値は$\sqrt{\boxed{15}}$ であるから，

三角形OAPの面積の最大値は $\boxed{5}\sqrt{\boxed{3}}$ である。

また，そのときの点Pの座標は

$(\boxed{6}+\sqrt{\boxed{12}},\ \boxed{3}-\boxed{1}\sqrt{\boxed{3}})$ または

$(\boxed{6}-\sqrt{\boxed{12}},\ \boxed{3}+\boxed{1}\sqrt{\boxed{3}})$ である。

(センター試験追試・改)

33 一般角を弧度法で表そう

3章 三角関数　　一般角と弧度法

右の図のように，平面上で点 O を中心に半直線 OP を回転させるとき，この半直線 OP を動径といい，動径の始めの位置を表す半直線 OX を始線といいます。動径 OP の回転には正の向き（時計の針の回転と反対の向き）と負の向き（時計の針の回転と同じ向き）があります。

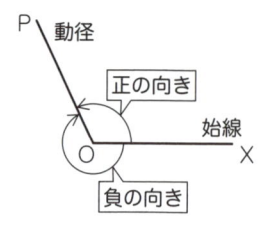

動径の回転する向きや 360°以上の角も考えに入れた角を一般角といいます。
動径は 360°の回転でもとの位置に戻るので，例えば 420°，−300°は，

$$420° = 60° + 360° \times 1, \quad -300° = 60° + 360° \times (-1)$$

となり，角の動径の位置は，60°の動径の位置と同じです。

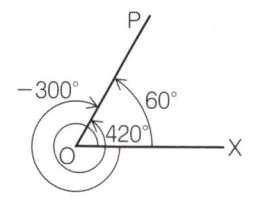

動径を表す一般角

角 α の動径を OP，一般角を θ とすると，
$$\theta = \alpha + 360° \times n \quad （ただし，n は整数）$$
※動径は，すべて角 α の動径 OP と一致。

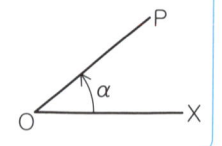

問題1　次の角を $\alpha + 360° \times n$（n は整数）の形に表しましょう。（ただし，$0° \leq \alpha < 360°$）
(1) 405°　　(2) −75°

(1) $405° = \boxed{ア}° + 360° \times 1$

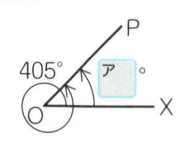

(2) $-75° = \boxed{イ}° + 360° \times (-1)$

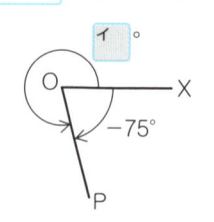

これまで，角の大きさを表すのに，「度」という単位を用いてきました。これを度数法といいます。また，半径 1 の円において，長さ 1 の弧に対する中心角の大きさを 1 ラジアンといい，これを単位とする角の表し方を弧度法といいます。

これより　$180° = \pi$ ラジアン　←中心角 180°に対する弧の長さは π

$$1° = \frac{\pi}{180}\ \text{ラジアン} \quad \text{または} \quad 1\ \text{ラジアン} = \frac{180°}{\pi}$$

←この値は約 57.3°

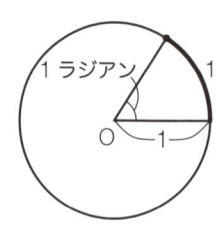

※　角の大きさを弧度法で表すとき，一般的に単位のラジアンは省略する。

<74, 75 ページの問題の答え>
問題1 (1)ア 45　　(2)イ 285
問題2 (1)ウ 180　エ 4　(2)オ 5　カ 150

問題2

次の度数法で表された角を弧度法で，弧度法で表された角を度数法で表しましょう。

(1) $240°$　　(2) $\dfrac{5}{6}\pi$

(1) $240° = 240 \times \dfrac{\pi}{\boxed{ウ}} = \dfrac{\boxed{エ}}{3}\pi$

(2) $\dfrac{5}{6}\pi = \dfrac{\boxed{オ}}{6} \times 180° = \boxed{カ}°$

基本練習　→ 答えは別冊10ページ

次の問いに答えよ。

(1) $270°$, $-225°$ を弧度法で表せ。

(2) 弧度法による角 $\dfrac{5}{4}\pi$, $-\dfrac{7}{6}\pi$ を度数法で表せ。

弧度法を用いた動径の表し方

n を整数とするとき
度数法で動径 OP の表す角が $30° + 360° \times n$ の形で表されるとき
弧度法を用いると
$\dfrac{\pi}{6} + 2n\pi$ の形で表される。

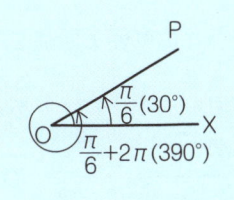

ステップアップ

34 一般角の三角関数

3章 三角関数　　三角関数①

数学Ⅰで学んだ三角比のθの範囲は $0° < \theta < 180°$ でしたが，θが一般角のときも，同じように中心O，半径rの円を座標軸上にとって，定義することができます。

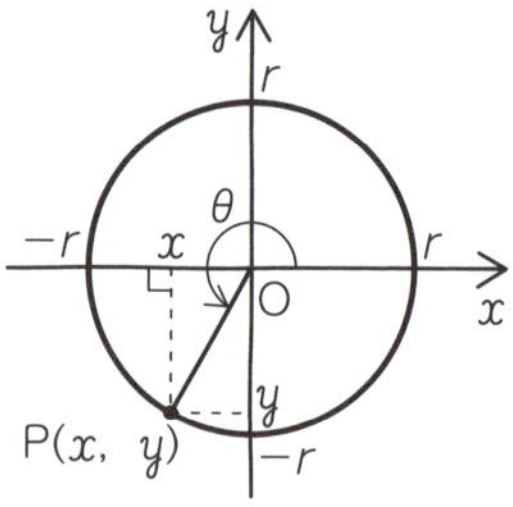

三角関数の定義

$$\sin\theta = \frac{y}{r}, \quad \cos\theta = \frac{x}{r}, \quad \tan\theta = \frac{y}{x}$$

※ $\theta = \frac{\pi}{2} + n\pi$（nは整数）に大しては，$\tan\theta$ の値を定義しない。

$\sin\theta$, $\cos\theta$, $\tan\theta$ をまとめて，θの<u>三角関数</u>といいます。

三角関数の $\sin\theta$, $\cos\theta$, $\tan\theta$ の値の正負はθがどの象限の角であるかによって定まります。次の図で確認しておきましょう。

$\sin\theta$ の正負　　　　$\cos\theta$ の正負 　　　　$\tan\theta$ の正負

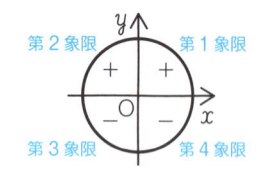

問題1　θが次の値のとき，$\sin\theta$, $\cos\theta$, $\tan\theta$ の値を求めましょう。

(1) $\frac{4}{3}\pi$　　(2) $-\frac{3}{4}\pi$　　(3) $\frac{13}{6}\pi$

---

(1) 右の図で，$\frac{4}{3}\pi$ の動径と原点を中心とする半径2の円との交点Pの座標は $(-1, -\sqrt{3})$ であるから，

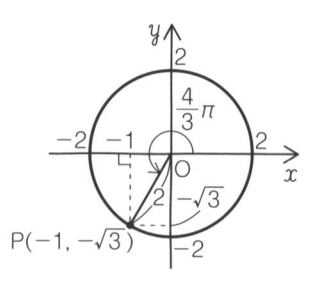

$$\sin\frac{4}{3}\pi = \frac{-\sqrt{\boxed{ア}}}{2} = -\frac{\sqrt{\boxed{ア}}}{2}, \quad \cos\frac{4}{3}\pi = \frac{-\boxed{イ}}{2} = -\frac{\boxed{イ}}{2}$$

$$\tan\frac{4}{3}\pi = \frac{-\sqrt{3}}{-\boxed{ウ}} = \sqrt{\boxed{エ}}$$

(2) 右の図で，$-\frac{3}{4}\pi$ の動径と原点を中心とする半径 $\sqrt{2}$ の円との交点Pの座標は $(-1, -1)$ であるから

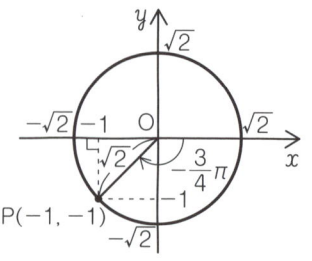

$$\sin\left(-\frac{3}{4}\pi\right) = \frac{-\boxed{オ}}{\sqrt{2}} = -\frac{\boxed{オ}}{\sqrt{2}}, \quad \cos\left(-\frac{3}{4}\pi\right) = \frac{-\boxed{カ}}{\sqrt{2}} = -\frac{\boxed{カ}}{\sqrt{2}}$$

$$\tan\left(-\frac{3}{4}\pi\right) = \frac{-\boxed{キ}}{-1} = \boxed{ク}$$

<76, 77 ページの問題の答え>

問題1 (1)ア 3　イ 1　ウ 1　エ 3　(3)ケ 1　コ 3　サ 3
　　　(2)オ 1　カ 1　キ 1　ク 1

(3) 右の図で，$\dfrac{13}{6}\pi$ の動径と原点を中心とする半径2の円との交点Pの座標は $(\sqrt{3},\ 1)$ であるから

$\sin\dfrac{13}{6}\pi = \dfrac{\boxed{ケ}}{2}$，$\cos\dfrac{13}{6}\pi = \dfrac{\sqrt{\boxed{コ}}}{2}$，$\tan\dfrac{13}{6}\pi = \dfrac{1}{\sqrt{\boxed{サ}}}$

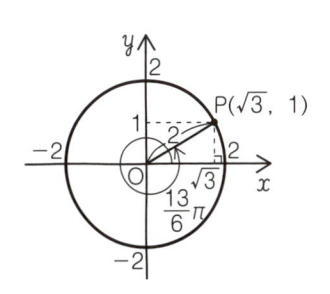

基本練習　→答えは別冊 10 ページ

θ が次の値のとき，$\sin\theta$，$\cos\theta$，$\tan\theta$ の値を求めよ。

(1) $\dfrac{5}{3}\pi$ 　　(2) $-\dfrac{\pi}{6}$ 　　(3) $\dfrac{9}{4}\pi$

原点を中心とする半径1の円

原点を中心とする半径1の円を単位円といいましたね。

三角関数の定義で $r=1$ とすると，
　　$\cos\theta = x$，$\sin\theta = y$
になるので，単位円と角 θ の動径の交点Pの座標は
　　$P(\cos\theta,\ \sin\theta)$
点Pは単位円の周上にあるから，$-1 \leqq x \leqq 1$，$-1 \leqq y \leqq 1$ より
　　$-1 \leqq \cos\theta \leqq 1$，$-1 \leqq \sin\theta \leqq 1$

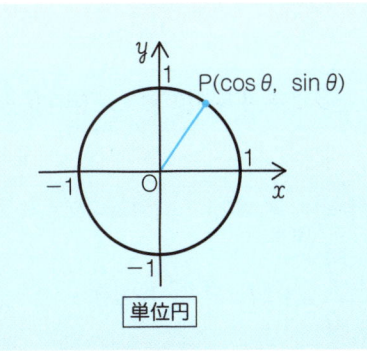

ステップアップ

35 三角関数の相互関係

3章 三角関数　　三角関数②

一般角の三角関数についても，数学Ⅰで学んだ三角比と同様に，次の関係が成り立ちます。

三角関数の相互関係

$$\sin^2\theta + \cos^2\theta = 1 \ ,\ \tan\theta = \frac{\sin\theta}{\cos\theta}\ ,\ 1+\tan^2\theta = \frac{1}{\cos^2\theta}$$

上の関係式を用いると，$\sin\theta$，$\cos\theta$，$\tan\theta$ のうちのどれか1つの三角関数の値から，他の三角関数の値を求めることができます。

問題1 θ が第3象限の角で，$\sin\theta = -\dfrac{3}{5}$ のとき，$\cos\theta$，$\tan\theta$ の値を求めましょう。

$\sin^2\theta + \cos^2\theta = 1$ より

$$\cos^2\theta = 1 - \sin^2\theta = 1 - \left(-\frac{3}{5}\right)^2 = \frac{\boxed{ア}}{25} \quad \leftarrow \sin\theta = -\frac{3}{5}\text{ を代入}$$

θ が第3象限の角であるから，$\cos\theta < 0$

よって $\cos\theta = -\sqrt{\dfrac{\boxed{イ}}{25}} = -\dfrac{\boxed{ウ}}{5}$

$\tan\theta = \dfrac{\sin\theta}{\cos\theta} = \left(-\dfrac{3}{5}\right) \div \left(-\dfrac{\boxed{エ}}{5}\right) = \left(-\dfrac{3}{5}\right) \times \left(-\dfrac{5}{\boxed{エ}}\right) = \dfrac{\boxed{オ}}{4}$

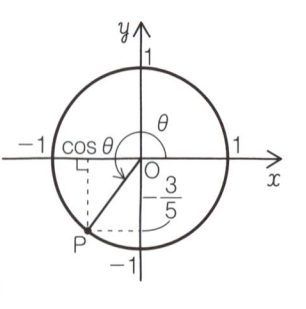

別解 右下の図のように，θ の動径を $OP = 5$ とすると

$\sin\theta = -\dfrac{3}{5} = \dfrac{-3}{5}$

$OH = \sqrt{5^2 - 3^2} = \sqrt{16} = 4$ であるから $P(-4, -3)$ となる。

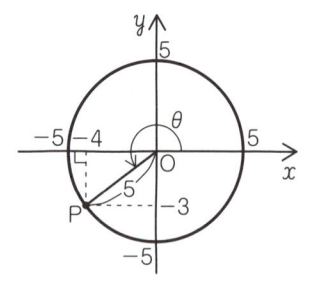

よって $\cos\theta = -\dfrac{4}{5}$，$\tan\theta = \dfrac{3}{4}$

問題2 θ が第4象限の角で，$\tan\theta = -2$ のとき，$\sin\theta$，$\cos\theta$ の値を求めましょう。

$1 + \tan^2\theta = \dfrac{1}{\cos^2\theta}$ に $\tan\theta = -2$ を代入すると

$\dfrac{1}{\cos^2\theta} = 1 + (-\boxed{カ})^2 = \boxed{キ}$ より $\cos^2\theta = \dfrac{1}{\boxed{ク}}$

<78, 79 ページの問題の答え>
問題1 ア 16 イ 16 ウ 4 エ 4 オ 3
問題2 カ 2 キ 5 ク 5 ケ 1 コ 1 サ 5 シ 5 ス 5

θ は第4象限の角であるから，$\cos\theta > 0$

よって $\cos\theta = \sqrt{\dfrac{\boxed{ケ}}{5}} = \dfrac{\boxed{コ}}{\sqrt{5}} = \dfrac{\sqrt{\boxed{サ}}}{5}$

$\sin\theta = \tan\theta \cdot \cos\theta$

← $\tan\theta = \dfrac{\sin\theta}{\cos\theta}$ の両辺に $\cos\theta$ をかける

$ = (-2) \times \dfrac{\sqrt{\boxed{シ}}}{5} = -\dfrac{2\sqrt{\boxed{ス}}}{5}$

基本練習 → 答えは別冊10ページ

(1) θ が第4象限の角で，$\sin\theta = -\dfrac{5}{13}$ のとき，$\cos\theta$，$\tan\theta$ の値を求めよ。

(2) θ が第3象限の角で，$\tan\theta = \dfrac{1}{3}$ のとき，$\sin\theta$，$\cos\theta$ の値を求めよ。

$\sin^2\theta + \cos^2\theta = 1$ の利用

$\sin\theta + \cos\theta = \dfrac{1}{3}$ のとき，$\sin\theta\cos\theta$ の値を求めましょう。

$\sin\theta + \cos\theta = \dfrac{1}{3}$ の両辺を2乗とすると

$(\sin\theta + \cos\theta)^2 = \left(\dfrac{1}{3}\right)^2 \quad \sin^2\theta + 2\sin\theta\cos\theta + \cos^2\theta = \dfrac{1}{9}$

したがって $2\sin\theta\cos\theta = \dfrac{1}{9} - 1 = -\dfrac{8}{9}$ よって $\sin\theta\cos\theta = -\dfrac{4}{9}$

ステップアップ

36 三角関数の性質

3章 三角関数　　三角関数③

n が整数のとき，角 $\theta+2n\pi$ の動径は，角 θ の動径 OP と同じ位置にあるから，次の公式が成り立ちます。

$\theta+2n\pi$ の三角関数（n は整数）

$$\sin(\theta+2n\pi)=\sin\theta \quad \cos(\theta+2n\pi)=\cos\theta \quad \tan(\theta+2n\pi)=\tan\theta$$

次に，角 $-\theta$ の動径 OQ は，角 θ の動径 OP と x 軸に関して対称であるから，次の公式が成り立ちます。

$-\theta$ の三角関数

$$\sin(-\theta)=-\sin\theta \quad \cos(-\theta)=\cos\theta \quad \tan(-\theta)=-\tan\theta$$

また，角 $\theta+\pi$ の動径 OQ は，角 θ の動径 OP と原点に関して対称であるから，次の公式が成り立ちます。

$\theta+\pi$ の三角関数

$$\sin(\theta+\pi)=-\sin\theta \quad \cos(\theta+\pi)=-\cos\theta \quad \tan(\theta+\pi)=\tan\theta$$

角 $\theta+\dfrac{\pi}{2}$ の動径 OQ は，角 θ の動径 OP を原点 O のまわりに $\dfrac{\pi}{2}$ だけ回転したものであるから，次の公式が成り立ちます。

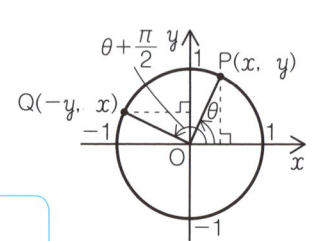

$\theta+\dfrac{\pi}{2}$ の三角関数

$$\sin\left(\theta+\dfrac{\pi}{2}\right)=\cos\theta \quad \cos\left(\theta+\dfrac{\pi}{2}\right)=-\sin\theta \quad \tan\left(\theta+\dfrac{\pi}{2}\right)=-\dfrac{1}{\tan\theta}$$

問題1

次の三角関数を 0 から $\dfrac{\pi}{2}$ までの三角関数で表すことにより，その値を求めましょう。

(1) $\cos\dfrac{5}{2}\pi$ 　　(2) $\sin\left(-\dfrac{\pi}{4}\right)$ 　　(3) $\tan\dfrac{4}{3}\pi$

(1) $\cos\dfrac{5}{2}\pi=\cos\left(\dfrac{\pi}{2}+2\pi\times\boxed{ア}\right)=\cos\dfrac{\pi}{\boxed{イ}}=\boxed{ウ}$ 　← $\cos(\theta+2n\pi)=\cos\theta$

　　↑ θ から $\dfrac{\pi}{2}$ までの角にする

(2) $\sin\left(-\dfrac{\pi}{4}\right)=-\sin\dfrac{\pi}{\boxed{エ}}=-\dfrac{1}{\sqrt{\boxed{オ}}}$ 　← $\sin(-\theta)=-\sin\theta$

<80, 81 ページの問題の答え>
問題1 (1)ア1 イ2 ウ0 (3)カ3 キ3 ク3
(2)エ4 オ2

(3) $\tan\dfrac{4}{3}\pi = \tan\left(\dfrac{\pi}{\boxed{カ}} + \pi\right) = \tan\dfrac{\pi}{\boxed{キ}} = \sqrt{\boxed{ク}}$ ← $\tan(\theta+\pi)=\tan\theta$

基本練習 → 答えは別冊 10 ページ

次の三角関数を 0 から $\dfrac{\pi}{2}$ までの三角関数で表すことにより,その値を求めよ。

(1) $\sin\dfrac{14}{3}\pi$

(2) $\cos\left(-\dfrac{2}{3}\pi\right)$

(3) $\tan\dfrac{5}{4}\pi$

(4) $\cos\dfrac{7}{6}\pi$

三角関数の性質の応用

$\theta+\pi$,$\theta+\dfrac{\pi}{2}$ の三角関数の公式で,θ を $-\theta$ でおき換えると,次の公式が成り立ちます。

$\sin(\pi-\theta) = -\sin(-\theta) = \sin\theta$ $\sin\left(\dfrac{\pi}{2}-\theta\right) = \cos(-\theta) = \cos\theta$

$\cos(\pi-\theta) = -\cos(-\theta) = -\cos\theta$ $\cos\left(\dfrac{\pi}{2}-\theta\right) = -\sin(-\theta) = \sin\theta$

$\tan(\pi-\theta) = \tan(-\theta) = -\tan\theta$ $\tan\left(\dfrac{\pi}{2}-\theta\right) = -\dfrac{1}{\tan(-\theta)} = \dfrac{1}{\tan\theta}$

ステップアップ

37 $y=\sin\theta$ と $y=\cos\theta$ のグラフを求めよう

3章 三角関数　三角関数のグラフ①

角 θ の動径と単位円の交点 P の座標を (x, y) とすると
　　$x=\cos\theta,\ y=\sin\theta$

したがって，θ と $\sin\theta$，$\cos\theta$ の対応する値の表をつくり，表を利用して　$y=\sin\theta$ と $y=\cos\theta$ のグラフをかいてみましょう。

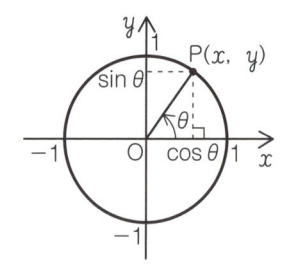

θ	0	$\dfrac{\pi}{6}$	$\dfrac{\pi}{4}$	$\dfrac{\pi}{3}$	$\dfrac{\pi}{2}$	$\dfrac{2}{3}\pi$	$\dfrac{3}{4}\pi$	$\dfrac{5}{6}\pi$	π	$\dfrac{7}{6}\pi$	$\dfrac{5}{4}\pi$	$\dfrac{4}{3}\pi$	$\dfrac{3}{2}\pi$	$\dfrac{5}{3}\pi$	$\dfrac{7}{4}\pi$	$\dfrac{11}{6}\pi$	2π
$\sin\theta$	0	$\dfrac{1}{2}$	$\dfrac{1}{\sqrt{2}}$	$\dfrac{\sqrt{3}}{2}$	1	$\dfrac{\sqrt{3}}{2}$	$\dfrac{1}{\sqrt{2}}$	$\dfrac{1}{2}$	0	$-\dfrac{1}{2}$	$-\dfrac{1}{\sqrt{2}}$	$-\dfrac{\sqrt{3}}{2}$	-1	$-\dfrac{\sqrt{3}}{2}$	$-\dfrac{1}{\sqrt{2}}$	$-\dfrac{1}{2}$	0
$\cos\theta$	1	$\dfrac{\sqrt{3}}{2}$	$\dfrac{1}{\sqrt{2}}$	$\dfrac{1}{2}$	0	$-\dfrac{1}{2}$	$-\dfrac{1}{\sqrt{2}}$	$-\dfrac{\sqrt{3}}{2}$	-1	$-\dfrac{\sqrt{3}}{2}$	$-\dfrac{1}{\sqrt{2}}$	$-\dfrac{1}{2}$	0	$\dfrac{1}{2}$	$\dfrac{1}{\sqrt{2}}$	$\dfrac{\sqrt{3}}{2}$	1

$y=\sin\theta$ のグラフ……$-1\leqq\sin\theta\leqq1$　の範囲の値をとり，グラフは原点に関して対称です。

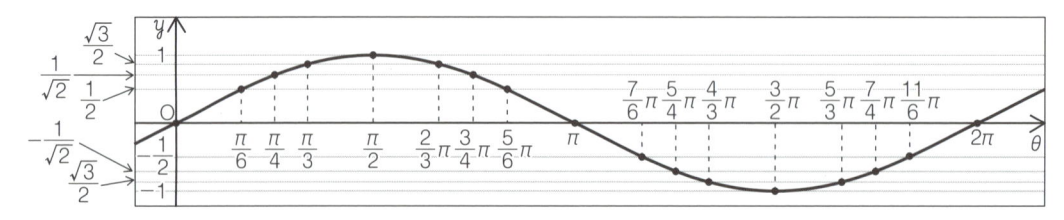

$y=\cos\theta$ のグラフ……$-1\leqq\cos\theta\leqq1$　の範囲の値をとり，グラフは y 軸に関して対称です。

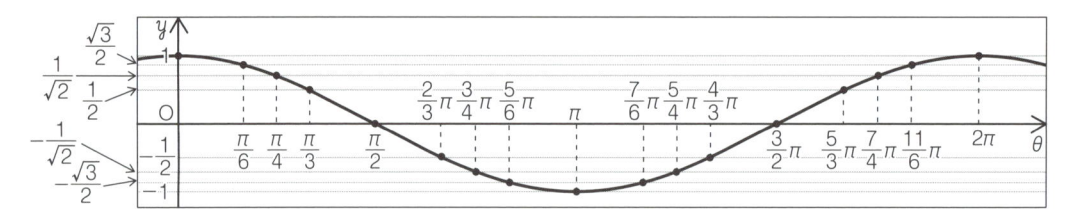

$y=\sin\theta$，$y=\cos\theta$ のグラフは 2π ごとに同じ形がくり返される。この 2π を **周期** という。

問題1　$y=\sin\theta$ のグラフをもとにして，$y=2\sin\theta$ のグラフをかきましょう。

$y=2\sin\theta$ のグラフは　$y=\sin\theta$ のグラフを y 軸方向に ア ［　　］ 倍に拡大したグラフです。

$y=2\sin\theta$ の周期は　$y=\sin\theta$ と同じで イ ［　　］ です。

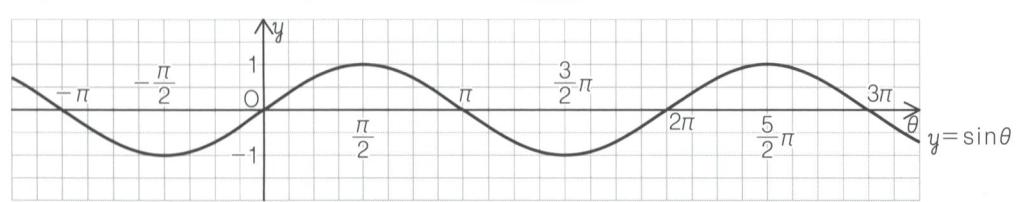

<82ページの問題の答え>

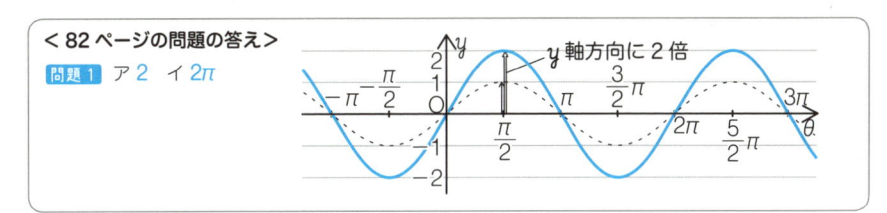

問題1 ア 2 イ 2π

基本練習 → 答えは別冊11ページ

$y=\cos\theta$ のグラフをもとにして，$y=2\cos\theta$ のグラフをかけ。また，その周期を求めよ。

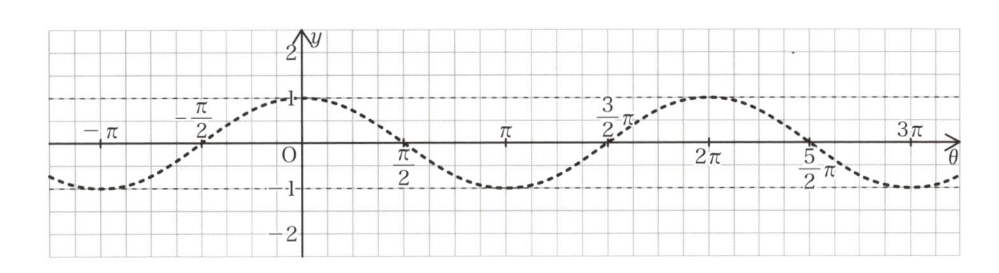

正弦曲線

$y=\sin\theta$ のグラフの形の曲線を<u>正弦曲線</u>という。

また，$y=\sin\theta$ と $y=\cos\theta$ のグラフを比べてみると，$y=\cos\theta$ のグラフは，$y=\sin\theta$ のグラフを θ 軸方向に $-\dfrac{\pi}{2}$ だけ平行移動したものであるから，$y=\cos\theta$ のグラフも正弦曲線である。

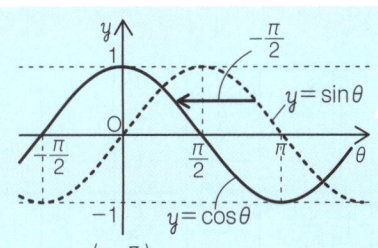

$\cos\theta=\sin\left(\theta+\dfrac{\pi}{2}\right)$ であるから $y=\cos\theta$ のグラフは $y=\sin\theta$ のグラフを θ 軸方向に $-\dfrac{\pi}{2}$ だけ平行移動したものである。

ステップアップ

38 いろいろな三角関数のグラフ

3章 三角関数　　三角関数のグラフ②

$y=\sin\theta$ のグラフをもとにして，$y=\sin 2\theta$ のグラフをかいてみましょう。
θ と $\sin\theta$，$\sin 2\theta$ の対応する表は次のようになります。

θ	0	$\frac{\pi}{12}$	$\frac{\pi}{6}$	$\frac{\pi}{4}$	$\frac{\pi}{3}$	$\frac{5}{12}\pi$	$\frac{\pi}{2}$	$\frac{7}{12}\pi$	$\frac{2}{3}\pi$	$\frac{3}{4}\pi$	$\frac{5}{6}\pi$	$\frac{11}{12}\pi$	π
$\sin\theta$	0		$\frac{1}{2}$		$\frac{\sqrt{3}}{2}$		1		$\frac{\sqrt{3}}{2}$		$\frac{1}{2}$		0
$\sin 2\theta$	0	$\frac{1}{2}$	$\frac{\sqrt{3}}{2}$	1	$\frac{\sqrt{3}}{2}$	$\frac{1}{2}$	0						

上の表からわかるように $y=\sin 2\theta$ のグラフは $y=\sin\theta$ のグラフを θ 軸方向に $\frac{1}{2}$ 倍に縮小したもので，周期は π になります。したがって，$y=\sin 2\theta$ のグラフは次のようになります。

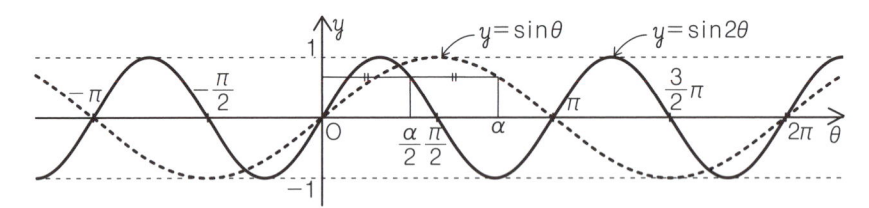

問題1 $y=\cos\theta$ のグラフをもとにして，$y=\cos 2\theta$ のグラフをかきましょう。

$y=\cos 2\theta$ のグラフは $y=\cos\theta$ のグラフを θ 軸方向に ア□ 倍に縮小したもので，周期は イ□ である。

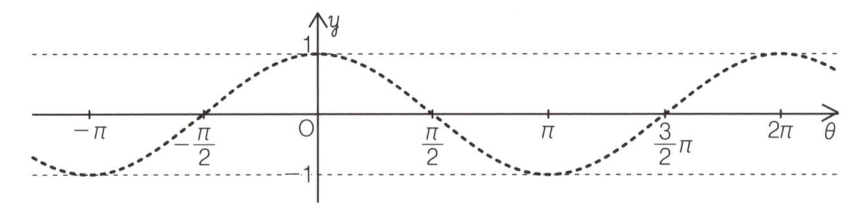

次に，$y=\sin\theta$ のグラフをもとにして，$y=\sin\left(\theta-\frac{\pi}{4}\right)$ のグラフをかいてみましょう。
θ と $\sin\theta$，$\sin\left(\theta-\frac{\pi}{4}\right)$ の対応する表は次のようになります。

θ	$-\pi$	$-\frac{3}{4}\pi$	$-\frac{\pi}{2}$	$-\frac{\pi}{4}$	0	$\frac{\pi}{4}$	$\frac{\pi}{2}$	$\frac{3}{4}\pi$	π	$\frac{5}{4}\pi$	$\frac{3}{2}\pi$	$\frac{7}{4}\pi$	2π
$\sin\theta$	0	$-\frac{1}{\sqrt{2}}$	-1	$-\frac{1}{\sqrt{2}}$	0	$\frac{1}{\sqrt{2}}$	1	$\frac{1}{\sqrt{2}}$	0	$-\frac{1}{\sqrt{2}}$	-1	$-\frac{1}{\sqrt{2}}$	0
$\sin\left(\theta-\frac{\pi}{4}\right)$	$\frac{1}{\sqrt{2}}$	0	$-\frac{1}{\sqrt{2}}$	-1	$-\frac{1}{\sqrt{2}}$	0	$\frac{1}{\sqrt{2}}$	1	$\frac{1}{\sqrt{2}}$	0	$-\frac{1}{\sqrt{2}}$	-1	$-\frac{1}{\sqrt{2}}$

上の表からわかるように $y=\sin\left(\theta-\frac{\pi}{4}\right)$ のグラフは $y=\sin\theta$ のグラフを θ 軸方向に $\frac{\pi}{4}$ だけ平行

<84, 85 ページの問題の答え>

問題1　ア $\dfrac{1}{2}$　イ π

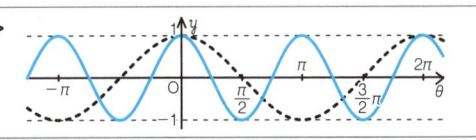

移動したもので，周期は 2π になります。したがって，$y=\sin\left(\theta-\dfrac{\pi}{4}\right)$ のグラフは次のようになります。

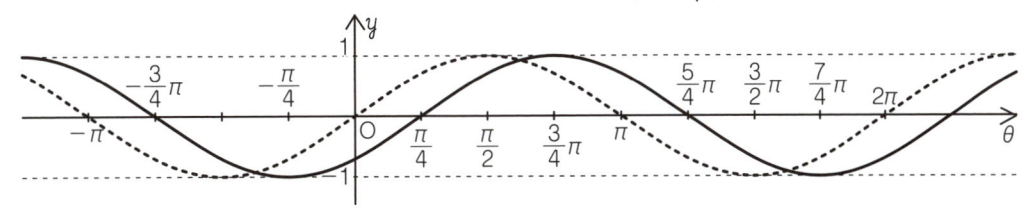

基本練習　→ 答えは別冊11ページ

$y=\cos\theta$ のグラフをもとにして，$y=\cos\left(\theta-\dfrac{\pi}{3}\right)$ のグラフをかけ。また，その周期を求めよ。

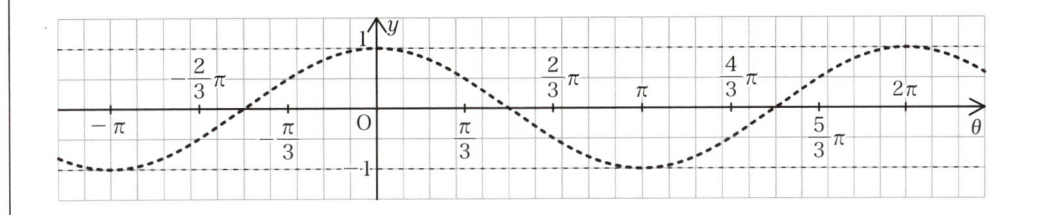

$y=\tan\theta$ のグラフ

$y=\tan\theta$ のグラフは原点に関して対称で，周期は π であるから，右のようになります。

$y=\tan\theta$ のグラフは上下にどこまでものびる曲線で，y 軸に平行な直線

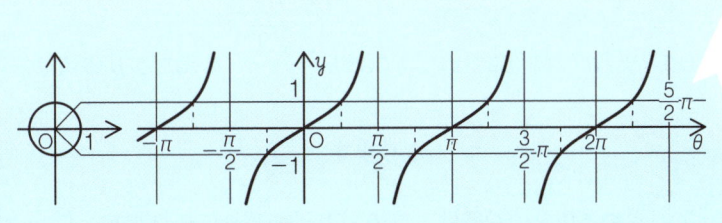

$\theta=\dfrac{\pi}{2}$，$\theta=-\dfrac{\pi}{2}$，$\theta=\dfrac{3}{2}\pi$，$\theta=-\dfrac{3}{2}\pi$，… に限りなく近づきます。このような直線を曲線の漸近線といいます。

ステップアップ

39 三角関数を含む方程式・不等式

3章 三角関数　　三角関数を含む方程式・不等式

単位円を利用して，三角関数を含む方程式を解いてみましょう。

問題1 $0 \leq \theta < 2\pi$ のとき，次の方程式を満たす θ の値を求めましょう。
(1) $\sin\theta = \dfrac{1}{\sqrt{2}}$　　(2) $\cos\theta = \dfrac{1}{2}$

(1) 右の図のように，単位円の周上で，y 座標が $\dfrac{\boxed{ア}}{}$ となる点を P，Q とすると，動径 OP，OQ の表す角が，方程式の解となります。よって，$0 \leq \theta < 2\pi$ の範囲において，求める角 θ の値は

$$\theta = \dfrac{\pi}{\boxed{イ}},\ \dfrac{3}{\boxed{ウ}}\pi$$

(2) 右の図のように，単位円の周上で，x 座標が $\dfrac{\boxed{エ}}{}$ となる点を P，Q とすると，動径 OP，OQ の表す角が，方程式の解となります。よって，$0 \leq \theta < 2\pi$ の範囲において，求める角 θ の値は

$$\theta = \dfrac{\pi}{\boxed{オ}},\ \dfrac{5}{\boxed{カ}}\pi$$

また，問題1 で θ の範囲に制限がないときの解は，n を整数として $\theta = \bigcirc + 2n\pi$ の形で表します。

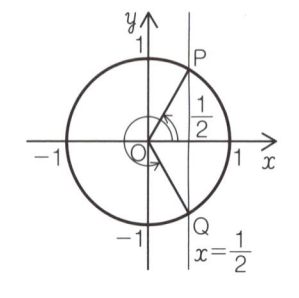

次に，単位円またはグラフを利用して，三角関数を含む不等式を解いてみましょう。

問題2 $0 \leq \theta < 2\pi$ のとき，不等式 $\cos\theta < \dfrac{\sqrt{3}}{2}$ を満たす θ の値の範囲を求めましょう。

まず，$\cos\theta = \dfrac{\sqrt{3}}{2}$ を満たす θ の値を求めます。

右の図のように，単位円の周上で，x 座標が $\dfrac{\boxed{キ}}{}$ となる点を P，Q とすると，$0 \leq \theta < 2\pi$ の範囲において，$\cos\theta = \dfrac{\sqrt{3}}{2}$ を満たす θ の値は

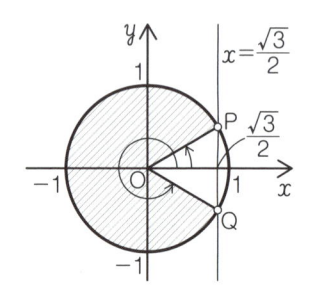

$$\theta = \dfrac{\pi}{\boxed{ク}},\ \dfrac{11}{\boxed{ケ}}\pi\ \text{となります。}$$

したがって，求める角 θ の動径は，右の図の斜線部分にあります。
よって，θ の値の範囲は

<86, 87 ページの問題の答え>
問題1 (1)ア $\dfrac{1}{\sqrt{2}}$ イ4 ウ4   (2)エ $\dfrac{1}{2}$ オ3 カ3   問題2 キ $\dfrac{\sqrt{3}}{2}$ ク6 ケ6 コ6 サ6

$$\dfrac{\pi}{\boxed{コ}} < \theta < \dfrac{11}{\boxed{サ}}\pi \quad \leftarrow \text{単位円の周上の点の}x\text{座標が}\dfrac{\sqrt{3}}{2}\text{より小さくなるような範囲}$$

問題2 をグラフを利用して考えてみましょう。

　求める θ の値の範囲は，$y=\cos\theta$ のグラフが直線 $y=\dfrac{\sqrt{3}}{2}$ より下側にあるような θ の値の範囲です。

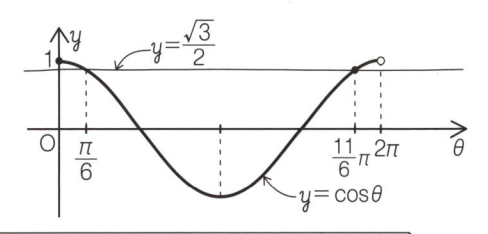

基本練習　→答えは別冊11ページ

$0 \leqq \theta < 2\pi$ のとき，次の方程式・不等式を解け。

(1) $\sin\theta = \dfrac{\sqrt{3}}{2}$

(2) $\cos\theta \geqq -\dfrac{1}{2}$

正接の方程式

方程式 $\tan\theta = \sqrt{3}$ $(0 \leqq \theta < 2\pi)$ を満たす θ の値を求めましょう。

　右の図のように，単位円をかき，直線 $x=1$ 上に点 $T(1,\sqrt{3})$ をとります。次に，点 T と原点 O を通る直線と単位円との交点を P, Q とすると，動径 OP, OQ の表す角が求める角 θ です。よって，$0 \leqq \theta < 2\pi$ の範囲において，求める角 θ の値は $\theta = \dfrac{\pi}{3}, \dfrac{4}{3}\pi$

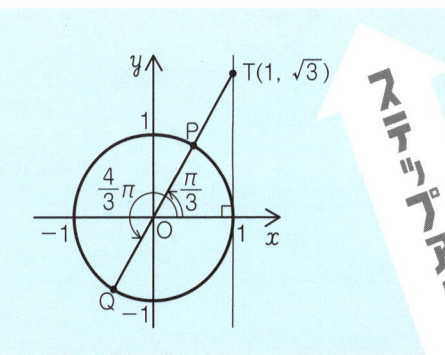

ステップアップ

40 三角関数の足し算

3章 三角関数　　三角関数の加法定理

正弦・余弦について，次の加法定理が成り立ちます。加法定理を利用して，いろいろな三角関数の値を考えてみましょう。

正弦・余弦の加法定理

$\sin(\alpha+\beta) = \sin\alpha\cos\beta + \cos\alpha\sin\beta$ 　　$\cos(\alpha+\beta) = \cos\alpha\cos\beta - \sin\alpha\sin\beta$

$\sin(\alpha-\beta) = \sin\alpha\cos\beta - \cos\alpha\sin\beta$ 　　$\cos(\alpha-\beta) = \cos\alpha\cos\beta + \sin\alpha\sin\beta$

問題1 加法定理を用いて，$\sin 75°$ の三角関数の値を求めましょう。

$75° = 45° + \boxed{\text{ア}}°$ として，加法定理を利用します。　← $30°, 45°, 60°$ の和・差で表します。

$\sin 75° = \sin(45° + \boxed{\text{ア}}°) = \sin 45° \cos 30° + \cos \boxed{\text{イ}}° \sin 30°$ 　← $\sin(\alpha+\beta) = \sin\alpha\cos\beta + \cos\alpha\sin\beta$

$= \dfrac{\sqrt{2}}{2} \cdot \dfrac{\sqrt{\boxed{\text{ウ}}}}{2} + \dfrac{\sqrt{2}}{2} \cdot \dfrac{\boxed{\text{エ}}}{2}$

$= \dfrac{\sqrt{\boxed{\text{オ}}} + \sqrt{2}}{4}$

問題2 α は第1象限の角，β は第2象限の角で，$\sin\alpha = \dfrac{4}{5}$，$\sin\beta = \dfrac{12}{13}$ のとき，$\sin(\alpha+\beta)$ の値を求めましょう。

$\cos^2\alpha = 1 - \sin^2\alpha = 1 - \left(\dfrac{4}{5}\right)^2 = \dfrac{\boxed{\text{カ}}}{25}$，$\cos^2\beta = 1 - \sin^2\beta = 1 - \left(\dfrac{12}{13}\right)^2 = \dfrac{\boxed{\text{キ}}}{169}$ 　← $\sin^2\theta + \cos^2\theta = 1$ を用いる

α は第1象限の角，β は第2象限の角であるから，$\cos\alpha > 0$，$\cos\beta < 0$

したがって　$\cos\alpha = \dfrac{3}{\boxed{\text{ク}}}$，$\cos\beta = -\dfrac{5}{\boxed{\text{ケ}}}$

よって　$\sin(\alpha+\beta) = \sin\alpha\cos\beta + \cos\alpha\sin\beta = \dfrac{4}{5} \cdot \left(-\dfrac{5}{13}\right) + \dfrac{3}{5} \cdot \dfrac{12}{13} = \dfrac{\boxed{\text{コ}}}{65}$

正接について右の加法定理が成り立ちます。

正接の加法定理

$\tan(\alpha+\beta) = \dfrac{\tan\alpha + \tan\beta}{1 - \tan\alpha \cdot \tan\beta}$ 　　$\tan(\alpha-\beta) = \dfrac{\tan\alpha - \tan\beta}{1 + \tan\alpha \cdot \tan\beta}$

<88, 89 ページの問題の答え>

問題1 ア 30 イ 45 ウ 3 エ 1 オ 6

問題2 カ 9 キ 25 ク 5 ケ 13 コ 16

問題3 サ 45 シ 60 ス 3 セ 2 ソ 2

問題3 加法定理を用いて，$\tan 105°$ の値を求めましょう。

$105° = 60° + \boxed{サ}°$ として，加法定理を利用します。

$$\tan 105° = \tan(60° + \boxed{サ}°) = \frac{\tan \boxed{シ}° + \tan 45°}{1 - \tan 60° \tan 45°} = \frac{\sqrt{3}+1}{1-\sqrt{\boxed{ス}}\cdot 1} = \frac{(\sqrt{3}+1)^2}{(1-\sqrt{3})(1+\sqrt{3})}$$

$$= \frac{4+2\sqrt{3}}{-\boxed{セ}} = -\boxed{ソ} - \sqrt{3}$$

分母の有理化

基本練習　→ 答えは別冊11ページ

加法定理を用いて，次の三角関数の値を求めよ。

(1) $\sin 15°$　　(2) $\cos 105°$　　(3) $\tan 75°$

2直線のなす角 θ を求めてみよう

2直線 $y = 3x$ と $y = \frac{1}{2}x$ のなす角を $\theta\left(0 \leq \theta \leq \frac{\pi}{2}\right)$ とします。また，この2直線と x 軸の正の向きとのなす角を右の図のように，それぞれ α，β とすると

$\tan\alpha = 3$，$\tan\beta = \frac{1}{2}$　$\theta = \alpha - \beta$ であるから，加法定理を用いて

$$\tan\theta = \tan(\alpha - \beta) = \frac{\tan\alpha - \tan\beta}{1 + \tan\alpha \tan\beta} = \frac{3 - \frac{1}{2}}{1 + 3 \cdot \frac{1}{2}} = 1 \quad 0 \leq \theta \leq \frac{\pi}{2} \text{ より } \theta = \frac{\pi}{4}$$

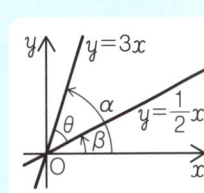

ステップアップ

41 2倍角・半角の公式

3章 三角関数　　加法定理の応用

$\sin(\alpha+\beta)$, $\cos(\alpha+\beta)$, $\tan(\alpha+\beta)$ の加法定理において，$\beta=\alpha$ とおくと，右の2倍角の公式が得られます。

※ $\cos 2\alpha$ の値は，$\sin^2\alpha+\cos^2\alpha=1$ の公式を使って3通りに表せます。

2倍角の公式

$$\sin 2\alpha = 2\sin\alpha\cos\alpha$$
$$\cos 2\alpha = \cos^2\alpha - \sin^2\alpha = 2\cos^2\alpha - 1 = 1 - 2\sin^2\alpha$$
$$\tan 2\alpha = \frac{2\tan\alpha}{1-\tan^2\alpha}$$

問題1 α が第1象限の角で，$\sin\alpha = \dfrac{4}{5}$ のとき，$\sin 2\alpha$, $\cos 2\alpha$ の値を求めましょう。

$\cos^2\alpha = 1 - \sin^2\alpha = 1 - \left(\dfrac{4}{5}\right)^2 = \dfrac{\boxed{ア}}{25}$　← $\sin^2\theta + \cos^2\theta = 1$ を用いる

α は第1象限の角であるから $\cos\alpha > 0$ したがって $\cos\alpha = \dfrac{3}{\boxed{イ}}$

よって，$\sin 2\alpha = 2\sin\alpha\cos\alpha = 2 \cdot \dfrac{4}{5} \cdot \dfrac{\boxed{ウ}}{5} = \dfrac{\boxed{エ}}{25}$

$\cos 2\alpha = 1 - 2\sin^2\alpha = 1 - 2 \cdot \left(\dfrac{4}{5}\right)^2 = -\dfrac{\boxed{オ}}{25}$

2倍角の公式 $\cos 2\alpha = 2\cos^2\alpha - 1 = 1 - 2\sin^2\alpha$ を $\sin^2\alpha = \dfrac{1-\cos 2\alpha}{2}$, $\cos^2\alpha = \dfrac{1+\cos 2\alpha}{2}$ に変形し，α に $\dfrac{\alpha}{2}$ を代入すると半角の公式が得られます。

半角の公式

$$\sin^2\frac{\alpha}{2} = \frac{1-\cos\alpha}{2}, \quad \cos^2\frac{\alpha}{2} = \frac{1+\cos\alpha}{2}, \quad \tan^2\frac{\alpha}{2} = \frac{1-\cos\alpha}{1+\cos\alpha}$$

2倍角の公式を利用して，三角関数を含む方程式を解いてみましょう。

問題2 $0 \leq \theta < 2\pi$ のとき，方程式 $\cos 2\theta - 3\cos\theta + 2 = 0$ を満たす θ の値を求めましょう。

$\cos 2\theta = \boxed{カ}\cos^2\theta - 1$ であるから，与えられた方程式は

　$(2\cos^2\theta - 1) - 3\cos\theta + 2 = 0$

　$2\cos^2\theta - 3\cos\theta + \boxed{キ} = 0$

　$(2\cos\theta - \boxed{ク})(\cos\theta - 1) = 0$　　　因数分解

したがって，$\cos\theta = \dfrac{1}{\boxed{ケ}}$, 1

<答え>
問題1 ア9 イ5 ウ3 エ24 オ7
問題2 カ2 キ1 ク1 ケ2 コ5 サ0

$0 \leq \theta < 2\pi$ において $\cos\theta = \dfrac{1}{2}$ を満たす θ は $\theta = \dfrac{\pi}{3}, \dfrac{\boxed{コ}}{3}\pi$

$\cos\theta = 1$ を満たす θ は $\theta = \boxed{サ}$

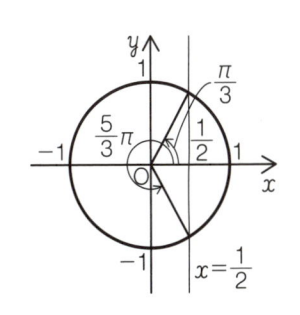

よって $\theta = \boxed{サ}, \dfrac{\pi}{3}, \dfrac{\boxed{コ}}{3}\pi$

基本練習 →答えは別冊12ページ

$0 \leq \theta < 2\pi$ のとき，方程式 $\cos 2\theta - \cos\theta = 0$ を満たす θ の値を求めよ。

半角の公式の利用

$\sin\dfrac{\pi}{4}$ の値を利用して，$\sin\dfrac{\pi}{8}$ の値を求めましょう。

$\dfrac{\pi}{8} = \dfrac{1}{2} \cdot \dfrac{\pi}{4}$ であるから $\sin^2\dfrac{\pi}{8} = \dfrac{1-\cos\dfrac{\pi}{4}}{2}$ ← $\sin^2\dfrac{\alpha}{2} = \dfrac{1-\cos\alpha}{2}$

$= \dfrac{1-\dfrac{1}{\sqrt{2}}}{2} = \dfrac{2-\sqrt{2}}{4}$ $\sin\dfrac{\pi}{8} > 0$ であるから，$\sin\dfrac{\pi}{8} = \dfrac{\sqrt{2-\sqrt{2}}}{2}$

ステップアップ

42 三角関数の合成

3章 三角関数

加法定理を利用すると，$a\sin\theta+b\cos\theta$ の形の式を $r\sin(\theta+\alpha)$ の形に変形することができます。このような変形を**三角関数の合成**といいます。

> **三角関数の合成**
> $$a\sin\theta+b\cos\theta=\sqrt{a^2+b^2}\sin(\theta+\alpha)$$
> ただし，$\cos\alpha=\dfrac{a}{\sqrt{a^2+b^2}}$，$\sin\alpha=\dfrac{b}{\sqrt{a^2+b^2}}$

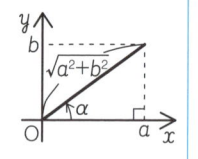

問題1 $\sqrt{3}\sin\theta+\cos\theta$ を $r\sin(\theta+\alpha)$ の形に変形しましょう。(ただし，$r>0$)

右の図のように，点 $P(\sqrt{3}, 1)$ をとると $r=\sqrt{(\sqrt{3})^2+1^2}=\boxed{\text{ア}}$ より

$$\sqrt{3}\sin\theta+\cos\theta=2\left(\dfrac{\sqrt{3}}{\boxed{\text{イ}}}\sin\theta+\dfrac{1}{\boxed{\text{ウ}}}\cos\theta\right)$$

$\cos\alpha=\dfrac{\sqrt{3}}{2}$, $\sin\alpha=\dfrac{1}{2}$ を満たす α は $\alpha=\dfrac{\pi}{\boxed{\text{エ}}}$　← $-\pi<\alpha\leqq\pi$

よって $\sqrt{3}\sin\theta+\cos\theta=\boxed{\text{オ}}\sin\left(\theta+\dfrac{\pi}{6}\right)$

三角関数の合成を利用して，三角関数の最大値と最小値を考えてみましょう。

問題2 $0\leqq\theta<2\pi$ のとき，関数 $y=\sin\theta+\cos\theta$ の最大値と最小値を求めましょう。

右の図のように，点 $P(1, 1)$ をとると $r=\sqrt{1^2+1^2}=\sqrt{2}$ より

$$\sin\theta+\cos\theta=\sqrt{2}\left(\dfrac{\boxed{\text{カ}}}{\sqrt{2}}\sin\theta+\dfrac{\boxed{\text{キ}}}{\sqrt{2}}\cos\theta\right)$$

$\cos\alpha=\dfrac{1}{\sqrt{2}}$, $\sin\alpha=\dfrac{1}{\sqrt{2}}$ を満たす α は $\alpha=\dfrac{\pi}{\boxed{\text{ク}}}$

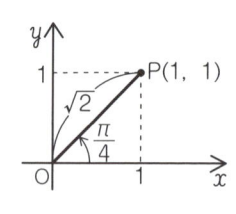

したがって $\sin\theta+\cos\theta=\sqrt{\boxed{\text{ケ}}}\sin\left(\theta+\dfrac{\pi}{4}\right)$

ここで，$0\leqq\theta<2\pi$ より $\dfrac{\pi}{4}\leqq\theta+\dfrac{\pi}{4}<\dfrac{9}{4}\pi$ であるから $-\boxed{\text{コ}}\leqq\sin\left(\theta+\dfrac{\pi}{4}\right)\leqq\boxed{\text{サ}}$

$\theta+\dfrac{\pi}{4}=\dfrac{\pi}{2}$ すなわち $\theta=\dfrac{\pi}{4}$ のとき 最大値 $\sqrt{\boxed{\text{シ}}}$　← $\sin\dfrac{\pi}{2}=1$, $\sin\dfrac{3}{2}\pi=-1$

$\theta+\dfrac{\pi}{4}=\dfrac{3}{2}\pi$ すなわち $\theta=\dfrac{5}{4}\pi$ のとき 最小値 $-\sqrt{\boxed{\text{ス}}}$

<92ページの問題の答え>

問題1 ア2 イ2 ウ2 エ6 オ2
問題2 カ1 キ1 ク4 ケ2 コ1 サ1 シ2 ス2

基本練習 →答えは別冊12ページ

次の式を $r\sin(\theta+\alpha)$ の形に変形せよ。ただし，$r>0$ とする。

(1) $\sin\theta+\sqrt{3}\cos\theta$

(2) $-\sin\theta+\cos\theta$

三角関数の合成

$\sin\theta-\cos\theta$ を $r\sin(\theta+\alpha)$ の形に変形しましょう。

右の図のように，点 $P(1,\ -1)$ をとると $r=\sqrt{1^2+(-1)^2}=\sqrt{2}$ であるから

$\sin\theta-\cos\theta=\sqrt{2}\left(\dfrac{1}{\sqrt{2}}\sin\theta-\dfrac{1}{\sqrt{2}}\cos\theta\right)$

$\cos\alpha=\dfrac{1}{\sqrt{2}}$，$\sin\alpha=-\dfrac{1}{\sqrt{2}}$ を満たす α は $\alpha=-\dfrac{\pi}{4}$

よって $\sin\theta-\cos\theta=\sqrt{2}\sin\left(\theta-\dfrac{\pi}{4}\right)$

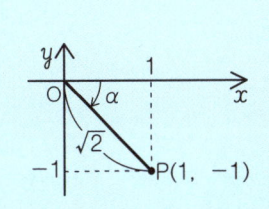

ステップアップ

センター試験にチャレンジ

3章 三角関数

→ 答えは別冊21ページ

1 $0 \leq \theta < \pi$ の範囲で関数 $f(\theta) = 3\cos 2\theta + 4\sin \theta$ を考える。
$\sin \theta = t$ とおけば，$\cos 2\theta = \boxed{ア} - \boxed{イ} t^{\boxed{ウ}}$ であるから
$y = f(\theta)$ とおくと $y = -\boxed{エ} t^{\boxed{ウ}} + \boxed{オ} t + \boxed{カ}$ である。

したがって，y の最大値は $\dfrac{\boxed{キク}}{3}$ であり，最小値は $\boxed{ケ}$ である。

また，α が $0 < \alpha < \dfrac{\pi}{2}$ を満たす角で，$f(\alpha) = 3$ のとき

$$\sin\left(\alpha + \frac{\pi}{6}\right) = \frac{\boxed{コ}\sqrt{\boxed{サ}} + \sqrt{\boxed{シ}}}{\boxed{ス}}$$

である。

(センター試験本試・改)

2

$0 \leq \theta < \pi$ の範囲で定義された関数 $f(\theta) = \cos^2\theta + \sin\theta\cos\theta$ の最大値を求めよう。

$$\cos^2\theta = \frac{1}{\boxed{ア}}(\cos 2\theta + \boxed{イ}), \quad \sin\theta\cos\theta = \frac{1}{\boxed{ウ}}\sin 2\theta$$ であるから

$$f(\theta) = \frac{\sqrt{\boxed{エ}}}{\boxed{オ}}\sin\left(2\theta + \frac{\pi}{\boxed{カ}}\right) + \frac{\boxed{イ}}{\boxed{ア}}$$ である。

ここで，$2\theta + \dfrac{\pi}{\boxed{カ}}$ のとり得る値の範囲は $\dfrac{\pi}{\boxed{カ}} \leq 2\theta + \dfrac{\pi}{\boxed{カ}} < 2\pi + \dfrac{\pi}{\boxed{カ}}$ であるから

$f(\theta)$ は $\theta = \dfrac{\pi}{\boxed{キ}}$ のとき 最大値 $\dfrac{\sqrt{\boxed{ク}} + \boxed{ケ}}{\boxed{コ}}$ をとる。

（センター試験追試）

3

$0 \leq \theta < 2\pi$ の範囲で，$5\sin\theta - 3\cos 2\theta = 3$ …（＊）を満たす θ について考えよう。

方程式（＊）を $\sin\theta$ を用いて表すと $\boxed{ア}\sin^2\theta + 5\sin\theta - \boxed{イ} = 0$ となる。

したがって，$-1 \leq \sin\theta \leq 1$ より $\sin\theta = \dfrac{\boxed{ウ}}{\boxed{エ}}$ であり，$0 \leq \theta < 2\pi$ の範囲でこの等式を満たす θ のうち，小さい方を θ_1，大きい方を θ_2 とすると $\cos\theta_1 = \dfrac{\sqrt{\boxed{オ}}}{\boxed{エ}}$, $\cos\theta_2 = \dfrac{\boxed{カ}\sqrt{\boxed{オ}}}{\boxed{エ}}$ である。

θ_1 について不等式 $\boxed{キ}$ が成り立つ。$\boxed{キ}$ に当てはまるものを，次の⓪～⑤のうちから一つ選べ。

⓪ $0 < \theta_1 < \dfrac{\pi}{12}$ ① $\dfrac{\pi}{12} < \theta_1 < \dfrac{\pi}{6}$ ② $\dfrac{\pi}{6} < \theta_1 < \dfrac{\pi}{5}$

③ $\dfrac{\pi}{5} < \theta_1 < \dfrac{\pi}{4}$ ④ $\dfrac{\pi}{4} < \theta_1 < \dfrac{\pi}{3}$ ⑤ $\dfrac{\pi}{3} < \theta_1 < \dfrac{\pi}{2}$

ただし，必要ならば，次の値 $\cos\dfrac{\pi}{5} = \dfrac{1+\sqrt{5}}{4}$, $\cos\dfrac{\pi}{12} = \dfrac{\sqrt{6}+\sqrt{2}}{4}$ を用いてもよい。

（センター試験本試・改）

43 整数の指数を計算しよう

4章 指数関数と対数関数　　　　指数①

実数 a について，a を n 個かけ合わせたものを a^n と書き，n を a^n の**指数**といい，$a, a^2, a^3, \cdots\cdots$ を a の**累乗**といいます。

$$\underbrace{a \times a \times \cdots\cdots \times a}_{n個} = a^{n}\; 指数$$

累乗についての計算では，m, n を正の整数とするとき，次の**指数法則**が成り立ちます。

① $a^m \times a^n = a^{m+n}$　　② $(a^m)^n = a^{mn}$　　③ $(ab)^n = a^n b^n$

指数 n を 0 や負の整数まで広げて，次のように定めます。

$a \ne 0$ で，n が正の整数のとき，

$$a^0 = 1, \quad a^{-n} = \frac{1}{a^n}$$

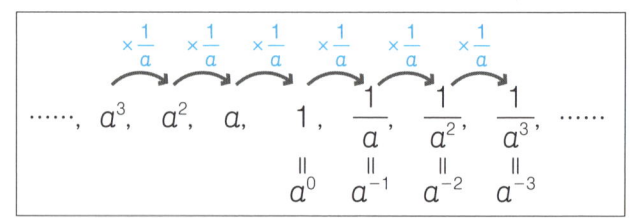

$\cdots\cdots, a^3, a^2, a, 1, \dfrac{1}{a}, \dfrac{1}{a^2}, \dfrac{1}{a^3}, \cdots\cdots$
$\;\|\;\;\;\;\;\;\;\;\;\;\|\;\;\;\;\;\;\|\;\;\;\;\;\;\|$
$\;a^0\;\;\;\;a^{-1}\;\;a^{-2}\;\;a^{-3}$

a^0, a^{-n} を上のように定めると，m, n がどのような整数であっても，次の指数法則が成り立ちます。

指数法則

$a \ne 0, b \ne 0$ で，m, n が整数のとき，
[1] $a^m a^n = a^{m+n}$　　[2] $(a^m)^n = a^{mn}$　　[3] $(ab)^n = a^n b^n$
[1]′ $a^m \div a^n = a^{m-n}$

問題1 指数法則を用いて，次の計算をしましょう。ただし，$a \ne 0, b \ne 0$ とします。

(1) $a^3 \times a^{-5}$　　(2) $(a^2 b^{-3})^{-2}$
(3) $5^{-3} \div 5^{-5}$　　(4) $2^3 \times 2^{-2} \div 2^{-4}$

---

(1) $a^3 \times a^{-5} = a^{\boxed{ア}+(-5)} = a^{\boxed{イ}} = \dfrac{1}{a^{\boxed{ウ}}}$

(1) ｜ア｜イ｜ウ｜

(2) $(a^2 b^{-3})^{-2} = (a^2)^{-2} \times (b^{-3})^{-2}$
$\phantom{(a^2 b^{-3})^{-2}} = a^{\boxed{エ} \times (-2)} \times b^{-3 \times (\boxed{オ})}$
$\phantom{(a^2 b^{-3})^{-2}} = a^{\boxed{カ}} b^6 = \dfrac{b^6}{a^{\boxed{キ}}}$

(2) ｜エ｜オ｜カ｜キ｜

(3) $5^{-3} \div 5^{-5} = 5^{-3-(\boxed{ク})} = 5^{\boxed{ケ}} = \boxed{コ}$

(3) ｜ク｜ケ｜

(4) $2^3 \times 2^{-2} \div 2^{-4} = 2^{3+(\boxed{サ})-(-4)} = 2^{\boxed{シ}} = \boxed{ス}$

(4) ｜サ｜シ｜

<96ページの問題の答え>
問題1 (1)ア 3　イ −2　ウ 2　　(3)ク −5　ケ 2　コ 25
　　　(2)エ 2　オ −2　カ −4　キ 4　(4)サ −2　シ 5　ス 32

基本練習　→答えは別冊12ページ

指数法則を用いて，次の計算をせよ。

(1) $a^3 \times a^{-2}$　　(2) $(a^{-3})^{-3}$　　(3) $(a^{-3}b^2)^{-3}$

(4) $4^4 \times 4^{-2}$　　(5) $10^{-2} \div 10^{-3}$　　(6) $3^3 \times 3^{-4} \div 3^2$

指数法則の具体例

n が正の整数のとき　$a^{-n} = \dfrac{1}{a^n}$　であるから，小さい数を次のように表すことができる。

$0.0234 = 2.34 \times 0.01 = 2.34 \times 10^{-2}$
$0.00056 = 5.6 \times 0.0001 = 5.6 \times 10^{-4}$

ステップアップ

44 累乗根とは？

4章 指数関数と対数関数　　指数②

一般に，実数 a と 2 以上の整数 n に対して，n 乗して a になる数，すなわち $x^n=a$ を満たす x の値を，a の n 乗根といいます。

a の 2 乗根（平方根），a の 3 乗根（立方根），a の 4 乗根，…… をまとめて a の累乗根といいます。

※ a の n 乗根は実数の範囲で考えるものとします。

$$x^n=a \iff x\text{ は }a\text{ の }n\text{ 乗根}$$

実数 a の n 乗根について，次のことがいえます。

・（n が奇数のとき）a の n 乗根はただ 1 つあり，これを $\sqrt[n]{a}$ と表します。
・（n が偶数のとき）正の数 a の n 乗根は正，負 1 つずつあり，これらをそれぞれ $\sqrt[n]{a}$，$-\sqrt[n]{a}$ と表します。

※ 負の数 a の n 乗根はありません。

※ n が奇数，偶数いずれの場合も，$\sqrt[n]{0}=0$，また，$\sqrt[2]{a}$ は $\sqrt{a}$ と書きます。

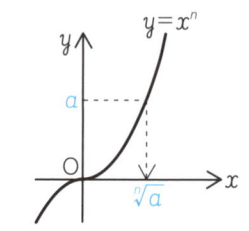

累乗根の性質

$a>0$，$b>0$ で，m，n が正の整数のとき，

[1] $(\sqrt[n]{a})^n=a$　[2] $\sqrt[n]{a}\sqrt[n]{b}=\sqrt[n]{ab}$　[3] $\dfrac{\sqrt[n]{a}}{\sqrt[n]{b}}=\sqrt[n]{\dfrac{a}{b}}$

[4] $(\sqrt[n]{a})^m=\sqrt[n]{a^m}$　[5] $\sqrt[m]{\sqrt[n]{a}}=\sqrt[mn]{a}$

問題 1

次の式を簡単にしましょう。

(1) $\sqrt[3]{5}\cdot\sqrt[3]{25}$　(2) $\dfrac{\sqrt[5]{64}}{\sqrt[5]{2}}$　(3) $(\sqrt[6]{8})^2$　(4) $\sqrt{\sqrt[3]{729}}$

(1) $\sqrt[3]{5}\cdot\sqrt[3]{25}=\sqrt[3]{\boxed{ア}\times 25}$　← 累乗根の性質 [2]
$=\sqrt[3]{\boxed{イ}^3}$
$=\boxed{ウ}$　← 累乗根の性質 [1]

(2) $\dfrac{\sqrt[5]{64}}{\sqrt[5]{2}}=\sqrt[5]{\dfrac{64}{\boxed{エ}}}$　← 累乗根の性質 [3]
$=\sqrt[5]{\boxed{オ}}$
$=\sqrt[5]{\boxed{カ}^5}$
$=\boxed{キ}$

(3) $(\sqrt[6]{8})^2=\sqrt[6]{\boxed{ク}^2}$　← 累乗根の性質 [4]
$=\sqrt[6]{\boxed{ケ}^6}$
$=\boxed{コ}$

(4) $\sqrt{\sqrt[3]{729}}=\sqrt[2\times 3]{729}$　← 累乗根の性質 [5]
$=\sqrt[6]{\boxed{サ}^6}$
$=\boxed{シ}$

< 98ページの問題の答え >

問題1 (1) ア 5　イ 5　ウ 5　　(3) ク 8　ケ 2　コ 2
(2) エ 2　オ 32　カ 2　キ 2　(4) サ 3　シ 3

基本練習　→答えは別冊12ページ

次の式を簡単にせよ。

(1) $\sqrt[5]{4}\,\sqrt[5]{8}$

(2) $\dfrac{\sqrt[3]{54}}{\sqrt[3]{2}}$

(3) $(\sqrt[6]{16})^3$

(4) $\sqrt[5]{\sqrt{1024}}$

累乗根の足し算

$\sqrt[3]{54}+\sqrt[6]{4}$ を計算してみましょう。

$\sqrt[3]{54}+\sqrt[6]{4} = \sqrt[3]{27\times 2}+\sqrt[6]{2^2}$
$\phantom{\sqrt[3]{54}+\sqrt[6]{4}} = \sqrt[3]{3^3}\times\sqrt[3]{2}+\sqrt[3]{2}$　← 累乗根の性質 [4]
$\phantom{\sqrt[3]{54}+\sqrt[6]{4}} = 3\sqrt[3]{2}+\sqrt[3]{2}$
$\phantom{\sqrt[3]{54}+\sqrt[6]{4}} = 4\sqrt[3]{2}$

累乗根ヨリ大根が…

ステップアップ

45 有理数の指数

4章 指数関数と対数関数　　　　指数③

$a>0$ のとき，指数法則が成り立つように $a^{\frac{1}{3}}$ の意味を定めてみましょう。

指数法則が成り立つためには，$(a^{\frac{1}{3}})^3 = a^{\frac{1}{3}\times 3} = a$ となればよいですね。

このことから，$a^{\frac{1}{3}} = \sqrt[3]{a}$ と定めればよいことがわかります。

　　　　　　　　　　　↑ 3乗すると a になる数

指数が有理数のとき，a の累乗を次のように定めます。

> **分数の指数**
>
> $a>0$ で，m, n は正の整数，r は正の有理数とします。
>
> $a^{\frac{1}{n}} = \sqrt[n]{a}$，　$a^{\frac{m}{n}} = (\sqrt[n]{a})^m = \sqrt[n]{a^m}$，　$a^{-r} = \dfrac{1}{a^r}$

例　$3^{\frac{1}{4}} = \sqrt[4]{3}$，　$5^{\frac{2}{3}} = \sqrt[3]{5^2} = \sqrt[3]{25}$，　$2^{-\frac{1}{2}} = \dfrac{1}{2^{\frac{1}{2}}} = \dfrac{1}{\sqrt[2]{2}} = \dfrac{1}{\sqrt{2}}$

一般に，指数が有理数のときにも，次の指数法則が成り立ちます。

> **指数法則**
>
> $a>0$, $b>0$ で，r, s が有理数のとき
>
> [1]　$a^r \times a^s = a^{r+s}$　　　[2]　$(a^r)^s = a^{rs}$　　　[3]　$(ab)^r = a^r b^r$
>
> [1]'　$a^r \div a^s = a^{r-s}$

問題1　指数法則を使って，次の計算をしましょう。ただし，$a>0$ とします。
(1) $4^{\frac{2}{3}} \times 4^{\frac{4}{3}}$　　(2) $3^{\frac{3}{4}} \div 3^{-\frac{5}{4}}$　　(3) $\sqrt[3]{a^4} \times \sqrt[3]{a^8}$

(1) $4^{\frac{2}{3}} \times 4^{\frac{4}{3}} = 4^{\frac{2}{3}+\frac{4}{3}} = 4^{ア} = \boxed{イ}$

(2) $3^{\frac{3}{4}} \div 3^{-\frac{5}{4}} = 3^{\frac{3}{4}-(-\frac{5}{4})} = 3^{ウ} = \boxed{エ}$

(3) $\sqrt[3]{a^4} \times \sqrt[3]{a^8} = a^{\frac{4}{3}} \times a^{オ} = a^{\frac{4}{3}+カ} = a^{キ}$

(1) ア $\boxed{}$

(2) ウ $\boxed{}$

(3) オ $\boxed{}$　カ $\boxed{}$　キ $\boxed{}$

> **＜100ページの問題の答え＞**
> 問題1 (1)ア 2　イ 16　　(2)ウ 2　エ 9　　(3)オ $\dfrac{8}{3}$　カ $\dfrac{8}{3}$　キ 4

基本練習　→答えは別冊13ページ

次の計算をせよ。ただし，$a>0$ とする。

(1) $9^{\frac{5}{3}} \times 3^{-\frac{1}{3}}$

(2) $16^{\frac{1}{3}} \div 4^{\frac{1}{6}}$

(3) $\sqrt{a^3} \div \sqrt[6]{a} \times \sqrt[3]{a^2}$

展開公式の利用

展開公式 $(a-b)(a^2+ab+b^2)=a^3-b^3$ を利用して　$(8^{\frac{1}{3}}-8^{-\frac{1}{3}})(8^{\frac{2}{3}}+1+8^{-\frac{2}{3}})$ を計算しよう。

$(8^{\frac{1}{3}}-8^{-\frac{1}{3}})(8^{\frac{2}{3}}+1+8^{-\frac{2}{3}})=(8^{\frac{1}{3}}-8^{-\frac{1}{3}})\{(8^{\frac{1}{3}})^2+8^{\frac{1}{3}}\cdot 8^{-\frac{1}{3}}+(8^{-\frac{1}{3}})^2\}$

$\qquad = (8^{\frac{1}{3}})^3 - (8^{-\frac{1}{3}})^3 = 8^{\frac{1}{3} \times 3} - 8^{\left(-\frac{1}{3}\right) \times 3}$

$\qquad = 8^1 - 8^{-1} = 8 - \dfrac{1}{8} = \dfrac{63}{8}$

ステップアップ

46 指数関数のグラフを求めよう

4章 指数関数と対数関数　　　指数関数①

$a>0$, $a\neq 1$ のとき, $y=a^x$ で表される関数を, a を底とする指数関数といいます。
では, 指数関数のグラフを考えてみましょう。

問題1 $y=2^x$, $y=\left(\dfrac{1}{2}\right)^x$ の x の値に対する y の値を求めて下の表を完成させ, そのグラフをかきましょう。

x	…	-4	-3	-2	-1	0	1	2	3	4	…
$y=2^x$	…	ア	$\dfrac{1}{8}$	イ	$\dfrac{1}{2}$	ウ	2	エ	8	オ	…
$y=\left(\dfrac{1}{2}\right)^x$	…	16	カ	4	キ	1	ク	$\dfrac{1}{4}$	ケ	$\dfrac{1}{16}$	…

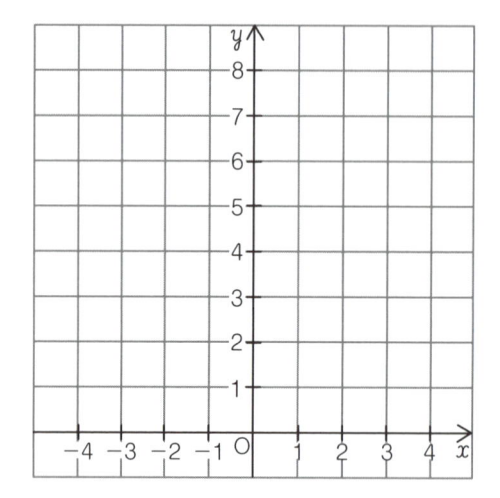

グラフの形に注目！

<102ページの問題の答え>

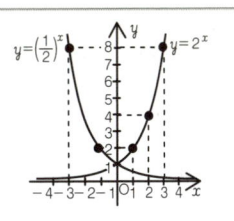

問題1 ア $\dfrac{1}{16}$　イ $\dfrac{1}{4}$　ウ 1　エ 4　オ 16　カ 8　キ 2　ク $\dfrac{1}{2}$　ケ $\dfrac{1}{8}$

基本練習　➡ 答えは別冊13ページ

同じ座標平面上に，2つの関数 $y=3^x$，$y=\left(\dfrac{1}{3}\right)^x$ のグラフをかけ。

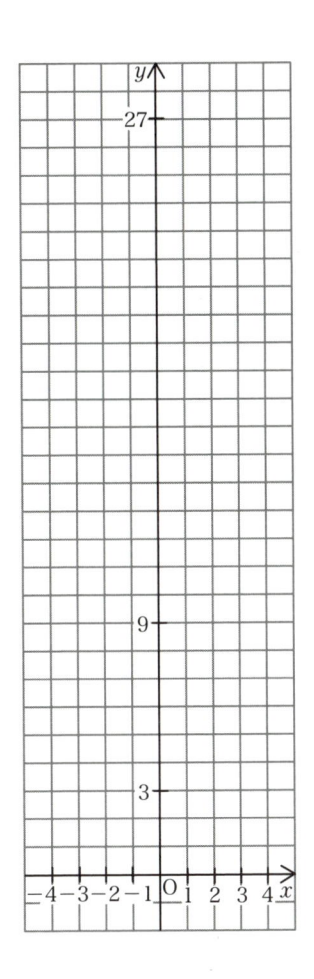

$y=a^x$ のグラフ

一般に，関数 $y=\left(\dfrac{1}{a}\right)^x$ のグラフは，関数 $y=a^x$ のグラフと y 軸に関して対称です。

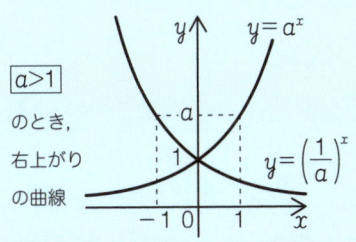

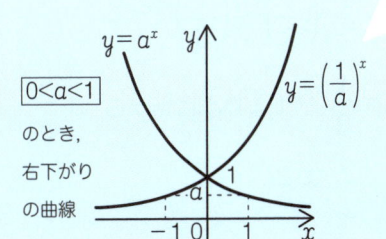

$\boxed{a>1}$ のとき，右上がりの曲線

$\boxed{0<a<1}$ のとき，右下がりの曲線

ステップアップ

47 指数関数を含む方程式・不等式

4章 指数関数と対数関数　　　指数関数②

指数関数 $y=a^x$ のグラフから，次のことがわかります。

$\boxed{a>1 \text{ のとき}}$
　x の値が増加すると
　y の値も増加します。
　すなわち
　　$p<q \Leftrightarrow a^p<a^q$

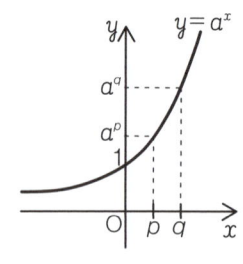

$\boxed{0<a<1 \text{ のとき}}$
　x の値が増加すると
　y の値は減少します。
　すなわち
　　$p<q \Leftrightarrow a^p>a^q$

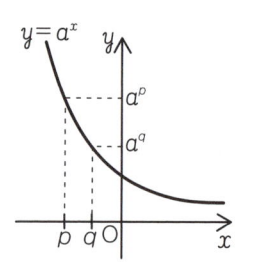

$a>0$，$a \neq 1$ のとき，$p=q \Leftrightarrow a^p=a^q$ が成り立ちます。

問題 1

次の方程式，不等式を解きましょう。

(1) $8^x=4$ 　(2) $\left(\dfrac{1}{8}\right)^x=32$ 　(3) $2^x>8$ 　(4) $\left(\dfrac{1}{3}\right)^x \leqq \dfrac{1}{81}$

(1) $8^x=(2^3)^x=2^{3x}$, $4=\boxed{^{ア}\quad}^2$ であるから　　$2^{3x}=\boxed{^{ア}\quad}^2$ ← 底をそろえる

したがって　$3x=\boxed{^{イ}\quad}$ 　← 指数が等しい

よって　$x=\boxed{^{ウ}\quad}$

(2) $\left(\dfrac{1}{8}\right)^x=(2^{-3})^x=\boxed{^{エ}\quad}^{-3x}$, $32=2^5$ であるから　　$\boxed{^{オ}\quad}^{-3x}=2^5$ ← 底をそろえる

したがって　$\boxed{^{カ}\quad}x=5$ 　← 指数が等しい

よって　$x=-\boxed{^{キ}\quad}$

(3) $8=2^{\boxed{^{ク}\quad}}$ であるから　　$2^x>2^{\boxed{^{ク}\quad}}$ 　← 底をそろえる　　　(3) $\boxed{^{ク}\quad}$

底 2 が 1 より大きいから

　$x>\boxed{^{ケ}\quad}$ 　← 底が 1 より大きいから不等号の向きは変わらない

(4) $\dfrac{1}{81}=\left(\dfrac{1}{3}\right)^{\boxed{^{コ}\quad}}$ であるから　　　　　　　　　　　　(4) $\boxed{^{コ}\quad}$

　$\left(\dfrac{1}{3}\right)^x \leqq \left(\dfrac{1}{3}\right)^{\boxed{^{コ}\quad}}$ 　← 底をそろえる

底 $\dfrac{1}{3}$ が 1 より小さいから

　$x \geqq \boxed{^{サ}\quad}$ 　← 底が 1 より小さいから不等号の向きが変わる

< 104 ページの問題の答え >

問題1 (1) ア 2　イ 2　ウ $\frac{2}{3}$　(2) エ 2　オ 2　カ −3　キ $\frac{5}{3}$　(3) ク 3　ケ 3　(4) コ 4　サ 4

基本練習　→ 答えは別冊 13 ページ

次の方程式，不等式を解け。

(1) $4^x = 32$

(2) $\left(\dfrac{1}{9}\right)^x = \dfrac{1}{27}$

(3) $3^{x-1} < 27$

(4) $\left(\dfrac{1}{2}\right)^{3x} \geqq \dfrac{1}{16}$

根号がついた数の比較

$\sqrt{2}$, $\sqrt[3]{4}$, $\sqrt[5]{8}$ の大小関係を不等号を使って表してみましょう。

$\sqrt{2} = 2^{\frac{1}{2}}$, $\sqrt[3]{4} = \sqrt[3]{2^2} = 2^{\frac{2}{3}}$, $\sqrt[5]{8} = \sqrt[5]{2^3} = 2^{\frac{3}{5}}$ になりますね。

指数を比較すると，$\dfrac{1}{2} < \dfrac{3}{5} < \dfrac{2}{3}$

底は 2 で 1 より大きいので，$2^{\frac{1}{2}} < 2^{\frac{3}{5}} < 2^{\frac{2}{3}}$

よって，$\sqrt{2} < \sqrt[5]{8} < \sqrt[3]{4}$

底を揃えて比較しよう

ステップアップ

48 対数とは？

4章 指数関数と対数関数　　対数①

指数関数 $y=2^x$ において，正の数 M に対して $M=2^x$ を満たす x の値がただ1つ定まります。この x を $\underline{\log_2 M}$ と表すことにします。
　　↑ 2 を x 乗すると M になるときの x の表し方

一般に，$a>0$，$a\neq 1$ のとき，どのような正の数 M に対しても $M=a^P$ となる。P の値がただ1つ定まります。
この P を $\log_a M$ で表し，a を底とする M の対数といいます。
また，正の数 M を $\log_a M$ の真数といいます。

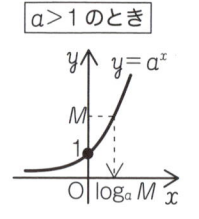

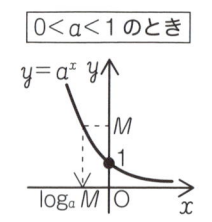

|a>1 のとき|　　|0<a<1 のとき|

指数と対数

$a>0$，$a\neq 1$，$M>0$ のとき
$M=a^P \Leftrightarrow P=\log_a M$
また，$\log_a a^P = P$

※ 以下，$\log_a M$ と書くときは，$a>0$，$a\neq 1$，$M>0$ とする。
※ 真数は常に正でなければならない。これを真数条件という。

問題1 次の等式を $P=\log_a M$ の形で表しましょう。
(1) $9=3^2$　　(2) $64=4^3$　　(3) $\dfrac{1}{25}=5^{-2}$

(1) $9=3^2$ であるから ア＝$\log_3 9$
　　　　　　底

(2) $64=4^3$ であるから $3=\log_イ 64$

(3) $\dfrac{1}{25}=5^{-2}$ であるから ウ＝$\log_5 \dfrac{1}{25}$
　　　　　　　　底

(2) イ[　]

問題2 次の値を求めましょう。
(1) $\log_2 32$　　(2) $\log_3 \dfrac{1}{9}$　　(3) $\log_5 \sqrt{5}$

(1) $32=2^{エ}$ であるから $\log_2 32 = \log_2 2^{オ} = $ カ

(2) $\dfrac{1}{9}=$ キ$^{-2}$ であるから $\log_3 \dfrac{1}{9} = \log_3$ ク$^{-2}=$ ケ

(3) $\sqrt{5}=5^{コ}$ であるから $\log_5 \sqrt{5} = \log_5 5^{サ} = $ シ

(1) エ[　] オ[　]

(3) コ[　] サ[　]

106

< 106 ページの問題の答え >

問題1 (1) ア 2　　(2) イ 4　　(3) ウ −2

問題2 (1) エ 5　オ 5　カ 5　　(3) コ $\dfrac{1}{2}$　サ $\dfrac{1}{2}$　シ $\dfrac{1}{2}$

(2) キ 3　ク 3　ケ −2

基本練習　→ 答えは別冊 13 ページ

1. 次の式を $P = \log_a M$ の形で表せ。

(1) $16 = 4^2$

(2) $\dfrac{1}{27} = 3^{-3}$

2. 次の値を求めよ。

(1) $\log_5 25$

(2) $\log_7 \sqrt{7}$

$\log_5 1$ を求めてみよう！

$\log_5 1$ の値は，「5 を x 乗すると 1 になる数」である。つまり $5^x = 1$ を満たす x であるので，$5^0 = 1$ より求める x は 0　よって，$\log_5 1 = 0$

一般に a を底とする対数について，$1 = a^0$，$a = a^1$ であることから，次のことが成り立ちます。

$\log_a 1 = 0$　　　$\log_a a = 1$

ステップアップ

49 対数の性質

4章 指数関数と対数関数　　　　対数②

指数法則から，右の**対数の性質**が成り立ちます。

対数の性質

$a>0$, $a\neq1$, $M>0$, $N>0$　で，rは実数のとき

[1]　$\log_a MN = \log_a M + \log_a N$　　[2]　$\log_a \dfrac{M}{N} = \log_a M - \log_a N$

[3]　$\log_a M^r = r\log_a M$

問題1　対数の性質を用いて，次の計算をしましょう。
(1) $\log_{10} 2 + \log_{10} 5$　　(2) $2\log_2 3 + \log_2 12 - \log_2 54$

(1)　$\log_{10} 2 + \log_{10} 5 = \log_{10}(2 \times \boxed{ア})$　　← 対数の性質 [1]

$\phantom{\log_{10} 2 + \log_{10} 5} = \log_{10} \boxed{イ} = \boxed{ウ}$　　← $\log_a a = 1$

(2)　$2\log_2 3 + \log_2 12 - \log_2 54$　　　　　　　　　　　　　　(2) $\boxed{エ}$

$= \log_2 3^{\boxed{エ}} + \log_2 12 - \log_2 54 = \log_2(\boxed{オ} \times 12) - \log_2 54$　　← 対数の性質 [1]

$= \log_2 \dfrac{\boxed{カ} \times 12}{54} = \log_2 \boxed{キ} = \boxed{ク}$

対数の性質 [2]　　$\log_a a = 1$

対数の底は，右の公式により，別の底を用いて表すことができます。

底の変換公式

a, b, c が正の数で，$a\neq1$, $b\neq1$, $c\neq1$ のとき

$\log_a b = \dfrac{\log_c b}{\log_c a}$　　とくに　$\log_a b = \dfrac{1}{\log_b a}$

問題2　底の変換公式を用いて，次の計算をしましょう。
(1) $\log_3 4 \times \log_4 9$　　(2) $\log_2 12 - \log_4 9$

(1)　$\log_3 4 \times \log_4 9 = \log_3 4 \times \dfrac{\log_3 9}{\log_3 \boxed{ケ}}$　　← 底を3にそろえる

$ = \log_3 \boxed{コ} = \log_3 3^2 = \boxed{サ}$

(2)　$\log_2 12 - \log_4 9 = \log_2 12 - \dfrac{\log_2 9}{\log_2 4} = \log_2 12 - \dfrac{\log_2 3^2}{\log_2 2^2}$　　← 対数の底を2にそろえる

$ = \log_2 12 - \dfrac{2\log_2 \boxed{シ}}{2} = \log_2 12 - \log_2 \boxed{ス}$

$ = \log_2 \dfrac{\boxed{セ}}{3} = \log_2 \boxed{ソ}^2 = \boxed{タ}$

< 108ページの問題の答え >

問題1 (1)ア 5　イ 10　ウ 1
(2)エ 2　オ 9　カ 9　キ 2　ク 1

問題2 (1)ケ 4　コ 9　サ 2
(2)シ 3　ス 3　セ 12　ソ 2　タ 2

基本練習　→ 答えは別冊14ページ

次の計算をせよ。

(1) $\log_3 12 + \log_3 36 - 2\log_3 4$

(2) $\log_2 3 \times \log_3 8$

(3) $\log_3 18 - \log_9 4$

底の変換公式の利用

$(\log_2 9 + \log_8 3)(\log_3 16 + \log_9 4)$ の計算は，カッコの中の底をそれぞれ2と3にそろえると，

$(\log_2 9 + \log_8 3)(\log_3 16 + \log_9 4) = \left(\log_2 9 + \dfrac{\log_2 3}{\log_2 8}\right)\left(\log_3 16 + \dfrac{\log_3 4}{\log_3 9}\right)$

$= \left(2\log_2 3 + \dfrac{\log_2 3}{3}\right)\left(4\log_3 2 + \dfrac{2\log_3 2}{2}\right)$

$= \left(\dfrac{7}{3}\log_2 3\right)(5\log_3 2) = \dfrac{7}{3} \times 5 \times \log_2 3 \times \dfrac{\log_2 2}{\log_2 3} = \dfrac{35}{3}$

ステップアップ

50 対数関数のグラフ

4章 指数関数と対数関数　　　対数関数①

$a>0$, $a\neq 1$ のとき，$y=\log_a x$ で表される関数を，a を底とする対数関数といいます。

では，対数関数 $y=\log_2 x$ のグラフを考えてみましょう。

$x>0$ の範囲の x の値に対する y の値を求めて表にすると，次のようになります。

x	…	$\frac{1}{16}$	$\frac{1}{8}$	$\frac{1}{4}$	$\frac{1}{2}$	1	2	4	8	16	…
$y=\log_2 x$	…	−4	−3	−2	−1	0	1	2	3	4	…

上の表を用いて，関数 $y=\log_2 x$ のグラフをかくと，右の図のような曲線になります。

また，$y=\log_2 x$ のグラフと $y=2^x$ のグラフは，直線 $y=x$ に関して対称です。

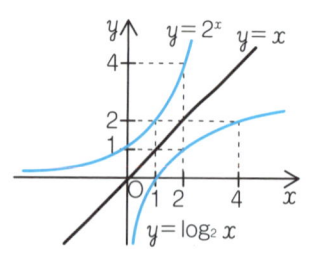

問題1 関数 $y=\log_{\frac{1}{2}} x$ のグラフをかきましょう。

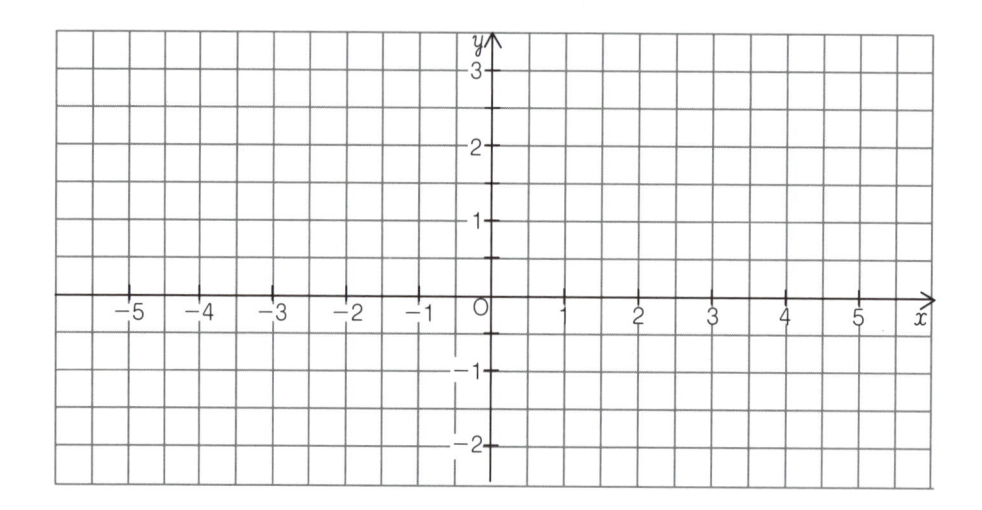

<110ページの問題の答え>

問題1

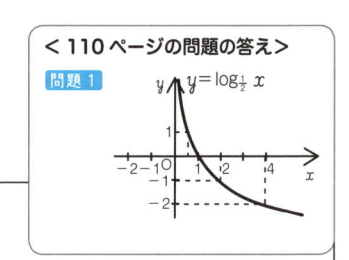

基本練習 → 答えは別冊14ページ

関数 $y=3^x$ のグラフをもとにして，関数 $y=\log_3 x$ のグラフをかけ。

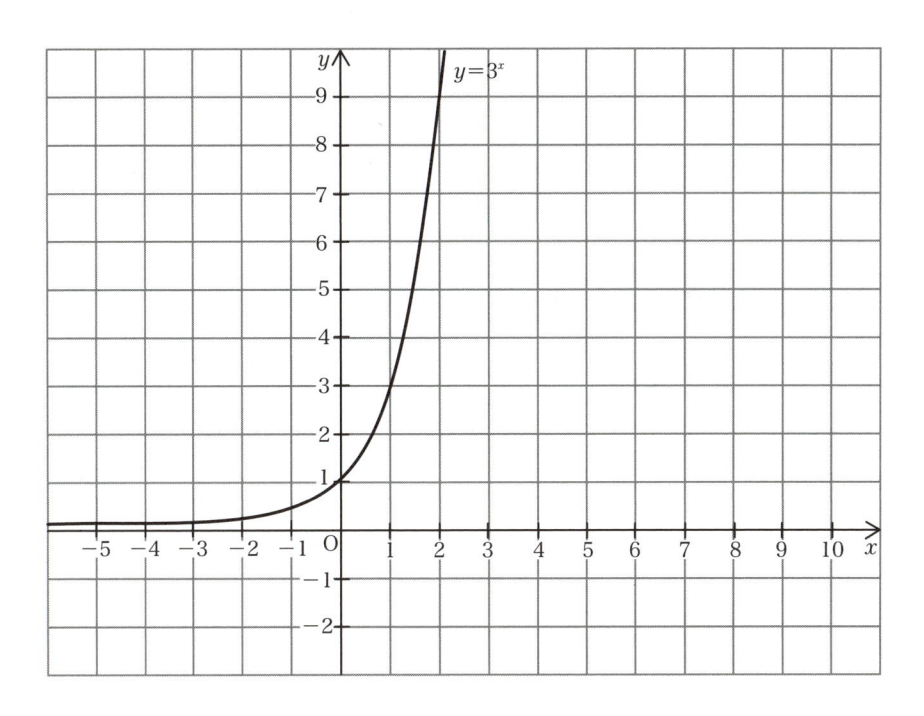

対数関数のグラフ

一般に，対数関数 $y=\log_a x$ のグラフは，指数関数 $y=a^x$ のグラフと直線 $y=x$ に関して対称であり，次のようになります。

$a>1$

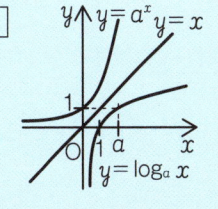

$0<a<1$

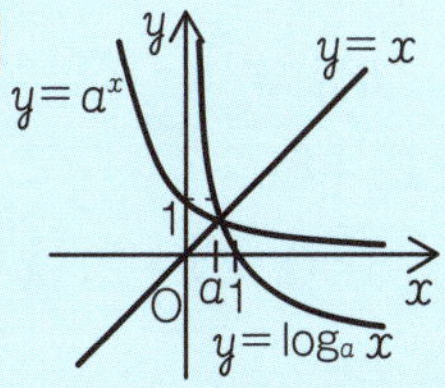

ステップアップ

51 対数関数を含む方程式・不等式

4章 指数関数と対数関数　　対数関数②

対数関数 $y=\log_a x$ のグラフから，次のことがわかります。

$a>1$ のとき
x の値が増加すると y の値も増加します。
すなわち
$0<p<q \Leftrightarrow \log_a p<\log_a q$

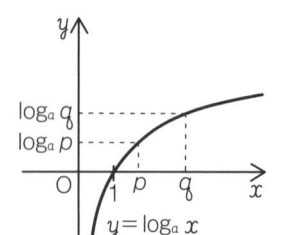

$0<a<1$ のとき
x の値が増加すると y の値は減少します。
すなわち
$0<p<q \Leftrightarrow \log_a p>\log_a q$

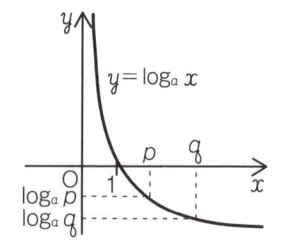

$a>0$，$a \neq 1$，$p>0$，$q>0$ のとき　$p=q \Leftrightarrow \log_a p=\log_a q$ が成り立ちます。
では，対数関数を含む方程式・不等式を解いてみましょう。

問題1　次の方程式，不等式を解きましょう。
(1) $\log_2 x = 3$　　(2) $\log_{\frac{1}{2}} x > 2$

(1) 対数の定義から　$x = 2^3 =$ [ア]

(2) 真数は正であるから，$x>0$ …①

$2 = \log_{\frac{1}{2}} \left(\frac{1}{2}\right)^2$ より　$\log_{\frac{1}{2}} x > \log_{\frac{1}{2}} \left(\frac{1}{2}\right)^2$

したがって　　$\log_{\frac{1}{2}} x > \log_{\frac{1}{2}}$ [イ]

底 $\frac{1}{2}$ は1より小さいから　　$x <$ [ウ] …②

（底は1より小さいから不等号の向きが変わる）

①，②の共通範囲を求めると　[エ] $< x < \frac{1}{4}$

問題2　次の方程式，不等式を解きましょう。
(1) $\log_2 x + \log_2 (x-2) = 3$　　(2) $\log_2 (2-x) \geq \log_2 x$

(1) 真数は正であるから　$x>0$ かつ $x-2>0$ すなわち $x >$ [オ] …①

$3 = \log_2 2^3$ より　$\log_2 x + \log_2(x-2) = \log_2$ [カ]^3

したがって　　$\log_2 x(x-2) = \log_2$ [キ]

よって　　$x(x-2) = 8$

式を整理すると　$x^2-2x-8=0$，$(x+2)(x-$ [ク]$)=0$

①より　　$x =$ [ケ]

112

< 112, 113 ページの問題の答え >

問題1 (1)ア 8　(2)イ $\dfrac{1}{4}$　ウ $\dfrac{1}{4}$　エ 0

問題2 (1)オ 2　カ 2　キ 8　ク 4　ケ 4
(2)コ 2　サ 1　シ 1

(2) 真数は正であるから　$2-x>0$　かつ　$x>0$　すなわち　$0<x<\boxed{コ}$　…①

底2は1より大きいから　　$2-x \geqq x$　← 底が1より大きいから不等号の向きは変わらない

x を移項し，2で割ると　　$x \leqq \boxed{サ}$　…②

①，②の共通範囲を求めると　$0<x \leqq \boxed{シ}$

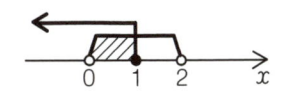

基本練習　→ 答えは別冊14ページ

次の方程式，不等式を解け。

(1) $\log_2 x = 4$

(2) $\log_{\frac{1}{2}} x = 3$

(3) $\log_2 x \geqq -1$

(4) $\log_{\frac{1}{2}} x > 4$

対数の大小を比較しよう！

$\log_2 3$ と $\log_2 5$ を比べてみましょう。$y = \log_2 x$ の底2は1より大きいから，
$3 < 5$ より $\log_2 3 < \log_2 5$

一方，$\log_{\frac{1}{2}} 3$ と $\log_{\frac{1}{2}} 5$ はどうなるでしょう。$y = \log_{\frac{1}{2}} x$ の底 $\dfrac{1}{2}$ は，0より大きく1より小さいので，
$3 < 5$ より　$\log_{\frac{1}{2}} 3 > \log_{\frac{1}{2}} 5$

このように，対数では，底が1より大きいか，小さいかで大小関係が異なります。

ステップアップ

52 常用対数とは？

4章 指数関数と対数関数　　　　常用対数

$\log_{10} 2$ のように，10 を底とする対数を **常用対数** といいます。

一般に，正の数 M は，次の形で表すことができます。

$$M = a \times 10^n \quad \text{ただし，} n \text{ は整数で，} 1 \leqq a < 10$$

問題1 $\log_{10} 2 = 0.3010$，$\log_{10} 3 = 0.4771$ とするとき，次の値を求めましょう。
(1) $\log_{10} 18$　　(2) $\log_{10} 5$　　(3) $\log_2 3$

(1) $\log_{10} 18 = \log_{10}(2 \times 3^2)$

$= \log_{10} \boxed{ア} + \log_{10} 3^2 = \log_{10} \boxed{ア} + \boxed{イ} \log_{10} 3$

$= 0.3010 + \boxed{ウ} \times 0.4771 = 1.2552$

(2) $5 = 10 \div 2$ であるから

$\log_{10} 5 = \log_{10} \dfrac{\boxed{エ}}{2} = \log_{10} \boxed{オ} - \log_{10} 2 = 1 - \log_{10} \boxed{カ} = 1 - 0.3010 = 0.6990$

(3) 底の変換公式を用いて　$\log_2 3 = \dfrac{\log_{10} \boxed{キ}}{\log_{10} \boxed{ク}}$　← 底を10に変換

$= \dfrac{0.4771}{0.3010} = \boxed{ケ}.5850$

一般に，正の整数 M が，$n-1 \leqq \log_{10} M < n$ を満たすとき，

$10^{n-1} \leqq M < 10^n$

であるから，M は n 桁の整数であることがわかります。

例 $10^1 = \underline{10}_{\text{2桁}}$　　$10^2 = \underline{100}_{\text{3桁}}$

$10^{2-1} \leqq \underline{50}_{\text{2桁}} < 10^2$

問題2 2^{20} は何桁の数でしょうか。ただし，$\log_{10} 2 = 0.3010$ とします。

2^{20} の常用対数をとると

$\log_{10} 2^{20} = \boxed{コ} \log_{10} 2 = 20 \times 0.3010 = \boxed{サ}.0200$

したがって　$6 < \log_{10} 2^{20} < 7$

$\log_{10} 10^6 < \log_{10} 2^{20} < \log_{10} 10^{\boxed{シ}}$ であるから

$10^{\boxed{ス}} < 2^{20} < 10^7$　← 底が1より大きいから不等号の向きは変わらない

よって，2^{20} は $\boxed{セ}$ 桁の数です。

シ　ス

<114ページの問題の答え>

問題1 (1)ア 2　イ 2　ウ 2　　(2)エ 10　オ 10　カ 2　　　**問題2** コ 20　サ 6　シ 7　ス 6　セ 7
(3)キ 3　ク 2　ケ 1

基本練習　→答えは別冊14ページ

$\log_{10} 2 = 0.3010$, $\log_{10} 3 = 0.4771$ とする，次の値を求めよ。

(1) $\log_{10} 24$

(2) $\log_3 4$

(3) 3^{20} は何桁の数か。

常用対数表を使ってみよう！

常用対数は，右表のように，小数第4位まで示した常用対数表にまとめてあります。例えば，$\log_{10} 1.32$ を求めてみましょう。
まず，1番左の列から1.3の行を見ます。そして，1番上の行の，2の列と交わった数値が $\log_{10} 1.32$ の値になります。
よって　　$\log_{10} 1.32 = 0.1206$

数	0	1	2	3	4	5
1.0	.0000	.0043	.0086	.0128	.0170	.0212
1.1	.0414	.0453	.0492	.0531	.0569	.0607
1.2	.0792	.0828	.0864	.0899	.0934	.0969
1.3	.1139	.1173	.1206	.1239	.1271	.1303
1.4	.1461	.1492	.1523	.1553	.1584	.1614

※常用対数表の一部

ステップアップ

センター試験にチャレンジ

4章　指数関数と対数関数

→ 答えは別冊22ページ

1. $a>0$, $a\neq 1$として　不等式　$2\log_a(8-x)>\log_a(x-2)$　……①　を満たすxの値の範囲を求めよう。

真数は正であるから，$\boxed{ア}<x<\boxed{イ}$が成り立つ。

ただし，対数$\log_a b$に対し，aを底といい，bを真数という。

底aが　$a<1$　を満たすとき，不等式①は　$x^2-\boxed{ウエ}x+\boxed{オカ}\boxed{キ}0$　……②　となる。

ただし，$\boxed{キ}$については，当てはまるものを，次の⓪〜②のうちから一つ選べ。

　　　　⓪　$<$　　①　$=$　　②　$>$

したがって，真数が正であることと②から，$a<1$　のとき，不等式①を満たすxのとり得る値の範囲は　$\boxed{ク}<x<\boxed{ケ}$　である。

同様にして，$a>1$　のときには，不等式①を満たすxのとり得る値の範囲は　$\boxed{コ}<x<\boxed{サ}$　であることがわかる。

（センター試験本試）

2

方程式 $\dfrac{4}{(\sqrt{2})^x} + \dfrac{5}{2^x} = 1$ の解 x を求めよう。

$X = \dfrac{1}{(\sqrt{2})^x}$ ……① とおくと，X の方程式 $\boxed{ア}X^2 + \boxed{イ}X - 1 = 0$ が得られる。

一方，①より $X > \boxed{ウ}$ である。したがって $X = \dfrac{\boxed{エ}}{\boxed{オ}}$ を得る。

これから，求める x は $x = \boxed{カ}\log_2 \boxed{キ}$ となる。

(センター試験本試)

3

連立方程式 (*) $\begin{cases} xy = 128 & \cdots\cdots① \\ \dfrac{1}{\log_2 x} + \dfrac{1}{\log_2 y} = \dfrac{7}{12} & \cdots\cdots② \end{cases}$ を満たす正の実数 x, y を求めよう。

ただし，$x \neq 1$，$y \neq 1$ とする。

①の両辺で2を底とする対数をとると $\log_2 x + \log_2 y = \boxed{ア}$ が成り立つ。

これと②より $(\log_2 x)(\log_2 y) = \boxed{イウ}$ である。

したがって $\log_2 x$，$\log_2 y$ は2次方程式 $t^2 - \boxed{エ}t + \boxed{オカ} = 0$ ……③ の解である。

③の解は $t = \boxed{キ}, \boxed{ク}$ である。ただし，$\boxed{キ}$ と $\boxed{ク}$ は解答の順序を問わない。

よって 連立方程式 (*) の解は $(x, y) = (\boxed{ケ}, \boxed{コサ})$ または $(x, y) = (\boxed{コサ}, \boxed{ケ})$ である。

(センター試験本試)

53 平均変化率と微分係数を求めよう

5章 微分と積分　　　微分係数

関数 $y=f(x)$ において，x の値が a から b まで変化するとき

$$\frac{y \text{の変化量}}{x \text{の変化量}}=\frac{f(b)-f(a)}{b-a}$$ を

x の値が a から b まで変化するときの $f(x)$ の平均変化率といいます。
右の図は，点 A(a, $f(a)$) と点 B(b, $f(b)$) を結んだ直線の傾きになります。

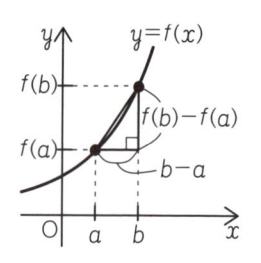

問題1 x の値が 1 から $1+h$ まで変わるときの関数 $f(x)=x^2$ の平均変化率を求めましょう。

$f(x)=x^2$ の平均変化率は

$$\frac{f(1+h)-f(1)}{(1+h)-1}=\frac{(1+h)^2-\boxed{\text{ア}}^2}{\boxed{\text{イ}}}=\frac{\boxed{\text{ウ}}h+h^2}{h}$$

$$=\frac{h(\boxed{\text{エ}}+h)}{h}=\boxed{\text{オ}}+h$$

問題1 で求めた平均変化率 $2+h$ について，x の変化量である h の値を 0 に限りなく近づけると，$2+h$ は 2 に限りなく近づきます。

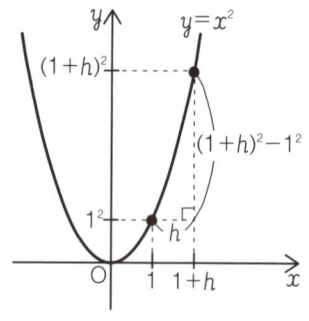

この値 2 を，h が 0 に限りなく近づくときの $2+h$ の極限値といいます。このことを，記号 lim を用いて次のように書きます。

$$\lim_{h \to 0}(2+h)=2$$

※ lim は「極限」を意味する記号であり「リミット」と読みます。

このように，h を 0 に近づけたときに，関数 $f(x)$ の平均変化率が一定の値に限りなく近づくならば，その極限値を，関数 $f(x)$ の $x=a$ における微分係数または変化率といい，$f'(a)$ で表します。

微分係数

$$f'(a)=\lim_{h \to 0}\frac{f(a+h)-f(a)}{h}$$

例 関数 $f(x)=x^2$ のとき，

$x=2$ における微分係数は $f'(2)$ となり，

$$f'(2)=\lim_{h \to 0}\frac{f(2+h)-f(2)}{h}=\lim_{h \to 0}\frac{(2+h)^2-4}{h}$$

$$=\lim_{h \to 0}\frac{h(4+h)}{h}=\lim_{h \to 0}(4+h)=4$$

<118ページの問題の答え>
問題1 ア1 イh ウ2 エ2 オ2

基本練習 → 答えは別冊15ページ

関数 $f(x)=3x^2$ について、次の微分係数を求めよ。

(1) $f'(2)$

(2) $f'(a)$

微分係数を求めてみよう！

関数 $f(x)=2x^2$ のとき、$x=2$ における微分係数 $f'(2)$ は、

$f'(2)=\lim_{h\to 0}\dfrac{f(2+h)-f(2)}{h}=\lim_{h\to 0}\dfrac{2(2+h)^2-8}{h}$

$=\lim_{h\to 0}\dfrac{h(2h+8)}{h}=\lim_{h\to 0}(2h+8)$ ← h を限りなく 0 に近づける

$=8$

限りなくウサギに近づけてみるね

ステップアップ

54 導関数とは？

5章 微分と積分　　　　　　　　導関数①

関数 $y=f(x)$ の $x=a$ における微分係数 $f'(a)$ で a を x におきかえた関数 $f'(x)$ を，関数 $y=f(x)$ の 導関数 といいます。

関数 $f(x)$ の導関数 $f'(x)$ は右のように書くことができます。

x の関数 $f(x)$ からその導関数 $f'(x)$ を求めることを，$f(x)$ を x について微分する あるいは，単に 微分する といいます。

導関数の定義

$$f'(x) = \lim_{h \to 0} \frac{f(x+h)-f(x)}{h}$$

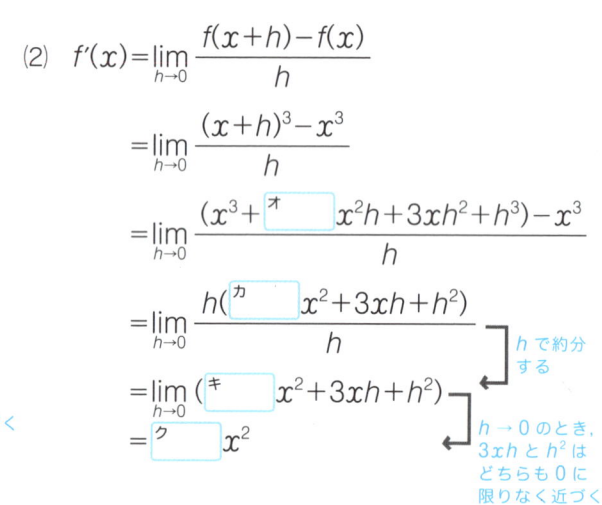

微分する
$f(x) \to f'(x)$

問題1
導関数の定義にしたがって，次の関数を微分しましょう。
(1) $f(x)=x^2$　　　(2) $f(x)=x^3$

(1) $f'(x) = \lim_{h \to 0} \dfrac{f(x+h)-f(x)}{h}$

$= \lim_{h \to 0} \dfrac{(x+h)^2 - x^2}{h}$

$= \lim_{h \to 0} \dfrac{(x^2 + \boxed{ア}xh + h^2) - x^2}{h}$

$= \lim_{h \to 0} \dfrac{h(\boxed{イ}x + h)}{h}$

$= \lim_{h \to 0} (\boxed{ウ}x + h)$

$= \boxed{エ}x$

$f(x)$ に $(x+h)$，(x) を代入

h は0に限りなく近づく

(2) $f'(x) = \lim_{h \to 0} \dfrac{f(x+h)-f(x)}{h}$

$= \lim_{h \to 0} \dfrac{(x+h)^3 - x^3}{h}$

$= \lim_{h \to 0} \dfrac{(x^3 + \boxed{オ}x^2h + 3xh^2 + h^3) - x^3}{h}$

$= \lim_{h \to 0} \dfrac{h(\boxed{カ}x^2 + 3xh + h^2)}{h}$

$= \lim_{h \to 0} (\boxed{キ}x^2 + 3xh + h^2)$

$= \boxed{ク}x^2$

h で約分する

$h \to 0$ のとき，$3xh$ と h^2 はどちらも0に限りなく近づく

一般に，n が正の整数のとき，右の公式が成り立ちます。

※ 関数 $y=f(x)$ の導関数を y'，$\dfrac{dy}{dx}$，$\dfrac{d}{dx}f(x)$ などと表すこともあります。

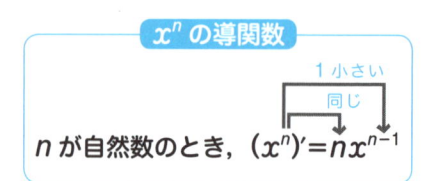

x^n の導関数

n が自然数のとき，$(x^n)' = nx^{n-1}$

1小さい／同じ

問題2
公式を用いて，次の関数を微分しましょう。
(1) $y=x^4$　　　(2) $y=x^5$

(1) $y' = \boxed{ケ}x^3$

(2) $y' = \boxed{コ}x^4$

<120 ページの問題の答え>

問題1 (1) ア 2　イ 2　ウ 2　エ 2
(2) オ 3　カ 3　キ 3　ク 3

問題2 (1) ケ 4　(2) コ 5

基本練習　→ 答えは別冊15ページ

導関数の定義にしたがって，次の関数を微分せよ。

(1) $f(x) = 2x^2 - x$

(2) $f(x) = x^3 + 1$

関数が定数のときの導関数

$y=3$ のような関数を定数関数といいます。定数関数の導関数を求めると，

$$f'(x) = \lim_{h \to 0} \frac{f(x+h) - f(h)}{h} = \lim_{h \to 0} \frac{3-3}{h} = 0$$

したがって，$f'(x) = 0$
一般に c が定数のとき，定数関数 $y=c$ の導関数は，$(c)' = 0$

ステップアップ

55 導関数を計算しよう

5章 微分と積分　　　　　　　　　　　導関数②

関数 $y=2x^2$ の導関数を計算すると，

$$y'=\lim_{h\to 0}\frac{2(x+h)^2-2x^2}{h}=\lim_{h\to 0}\frac{4xh+2h^2}{h}=\lim_{h\to 0}(4x+2h)=4x=2\cdot 2x=2\cdot(x^2)'$$

よって　$y'=(2x^2)'=2(x^2)'$

次に，関数 $y=x^2+x$ の導関数を計算すると，

$$y'=\lim_{h\to 0}\frac{\{(x+h)^2+(x+h)\}-(x^2+x)}{h}=\lim_{h\to 0}\frac{2xh+h^2+h}{h}$$

$$=\lim_{h\to 0}(2x+h+1)=2x+1=(x^2)'+(x)'$$

よって　$y'=(x^2+x)'=(x^2)'+(x)'$

一般に，関数 $f(x)$, $g(x)$ について，導関数は右のような公式が成り立ちます。

導関数の公式

[1]　k が定数のとき　$\{kf(x)\}'=kf'(x)$

[2]　$\{f(x)+g(x)\}'=f'(x)+g'(x)$

[3]　$\{f(x)-g(x)\}'=f'(x)-g'(x)$

問題1　次の関数を微分しましょう。
(1) $y=2x+3$　　　(2) $y=-2x^2-3x+5$

(1) $y=2x+3$ を微分すると
$y'=(2x+3)'=(2x)'+(3)'=2(x)'+(3)'=$ ア

(2) $y=-2x^2-3x+5$ を微分すると
$y'=(-2x^2-3x+5)'=-(2x^2)'-(3x)'+(5)'=-2(x^2)'-3(x)'+(5)'=-$ イ $x-$ ウ

次に，積の形をした関数の微分を考えましょう。

問題2　関数　$y=(x-1)(2x-1)$　を微分しましょう。

$y=(x-1)(2x-1)=2x^2-$ エ $x+1$　← 最初に展開する

$y'=\{(x-1)(2x-1)\}'$

　$=(2x^2-$ オ $x+1)'$

　$=(2x^2)'-($ カ $x)'+(1)'$　　導関数の公式[2][3]の利用

　$=2(x^2)'-$ キ $(x)'+(1)'=$ ク $x-$ ケ

<122 ページの問題の答え>

問題1 (1)ア 2 (2)イ 4 ウ 3

問題2 エ 3 オ 3 カ 3 キ 3 ク 4 ケ 3

基本練習 → 答えは別冊 15 ページ

次の関数を微分せよ。

(1) $y = 3x^2 - 4x + 5$

(2) $y = (x-2)(2x^2+1)$

分数を含む導関数の計算

導関数の公式は，分数を含む導関数にもあてはまります。$y = \dfrac{2}{3}x^3 + \dfrac{1}{2}x^2 - 3x + \dfrac{1}{4}$ を微分してみましょう。

$$y' = \left(\dfrac{2}{3}x^3 + \dfrac{1}{2}x^2 - 3x + \dfrac{1}{4}\right)' = \left(\dfrac{2}{3}x^3\right)' + \left(\dfrac{1}{2}x^2\right)' - (3x)' + \left(\dfrac{1}{4}\right)'$$

$$= \dfrac{2}{3}(x^3)' + \dfrac{1}{2}(x^2)' - 3(x)' + \left(\dfrac{1}{4}\right)'$$

$$= 2x^2 + x - 3$$

ステップアップ

56 接線の方程式

5章 微分と積分　　　導関数の応用①

関数 $f(x)$ のグラフ上の点 $A(a, f(a))$ における接線を $y=mx+n$ とすると，$x=a$ における微分係数 $f'(a)$ は，接線の傾き m を表しています。

すなわち　$m=f'(a)$　← $y=f(x)$ の点 a における接線の傾き

一般に，接線の方程式について，次のことが成り立ちます。

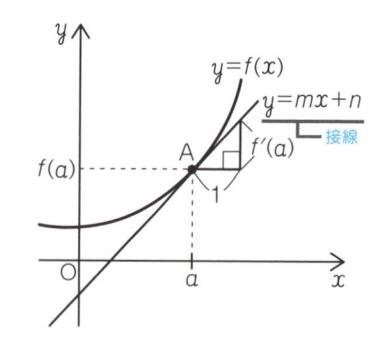

接線の方程式

曲線 $y=f(x)$ 上の点 $(a, f(a))$ における接線の方程式は
$$y-f(a)=f'(a)(x-a)$$

問題1　$f(x)=x^2+4$ のとき，曲線 $y=f(x)$ 上の点 $(1, 5)$ における接線の方程式を求めましょう。

$f(x)=x^2+4$ より　$f'(x)=\boxed{ア}\,x$

よって，点 $(1, 5)$ における接線の傾きは　$f'(1)=\boxed{イ}$

したがって，求める接線は点 $(1, 5)$ を通り，傾き $\boxed{イ}$ の直線である。

よって，接線の方程式は　$y-\boxed{ウ}=2(x-\boxed{エ})$　← 点 (x_1, y_1) を通り，傾き m の直線の方程式は $y-y_1=m(x-x_1)$

すなわち　$y=2x+\boxed{オ}$

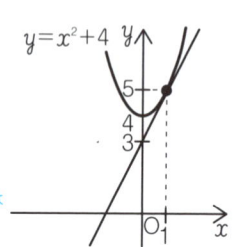

問題2　曲線 $y=x^2+1$ について，傾きが4である接線の方程式を求めましょう。

$f(x)=x^2+1$ とおくと　$f'(x)=\boxed{カ}\,x$

接点の座標を $P(a, f(a))$ とすると　← 接点の座標をおく

問題より，傾きが4であるから

　$f'(a)=2a=4$ より　$a=\boxed{キ}$　← 接点 P の x 座標

したがって $f(2)=\boxed{ク}$　← 接点 P の y 座標

よって　求める接線の方程式は　$y-5=4(x-\boxed{ケ})$

すなわち　$y=4x-\boxed{コ}$

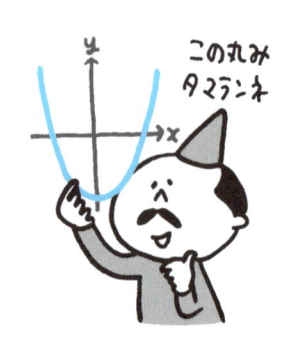

<124ページの問題の答え>
問題1 ア2 イ2 ウ5 エ1 オ3
問題2 カ2 キ2 ク5 ケ2 コ3

基本練習 → 答えは別冊15ページ

$f(x) = x^2 - x + 3$ のとき，次の接線の方程式を求めよ。

(1) 点 $(1, 3)$ における接線

(2) 傾きが5である接線

曲線上にない点から引いた接線の方程式

点 A$(1, -2)$ から曲線 $y = x^2 + 1$ に引いた接線の方程式を求めよう。
$y' = 2x$ であるから，放物線上の点 P(a, a^2+1) における接線の方程式は
$y - (a^2+1) = 2a(x-a)$ である。
この直線が点 A$(1, -2)$ を通るから $-2 - (a^2+1) = 2a(1-a)$
$a^2 - 2a - 3 = 0$, $(a+1)(a-3) = 0$ これを解くと $a = -1, 3$
　　$a = -1$ のとき，接線の方程式は $y = -2x$
　　$a = 3$ のとき，接線の方程式は $y = 6x - 8$

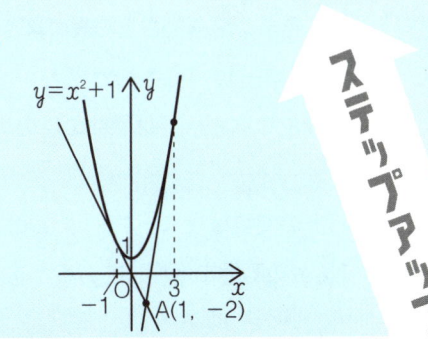

ステップアップ

57 関数の値の増加と減少を求めよう

5章 微分と積分　　導関数の応用②

関数 $y=f(x)$ について，x の値が増加するとき，y の値が増加するか減少するかは，そのグラフが右上がりか，右下がりかでわかります。

関数 $f(x)$ の増減と導関数 $f'(x)$ の符号については，次のことがいえます。

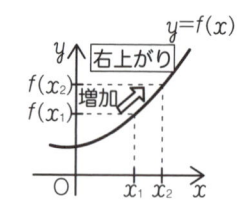

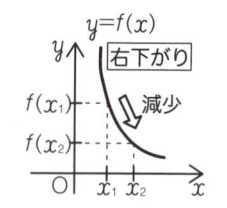

> **導関数の符号と関数の増加・減少**
>
> 関数 $y=f(x)$ の値の増減は，
>
> $f'(x)>0$ となる x の値の範囲では増加し，$f'(x)<0$ となる x の値の範囲では減少する。
> ← 接線の傾きが正　　　　　　　　　　　　　　← 接線の傾きが負

この関係より，関数 $y=f(x)$ の導関数 $f'(x)$ の正負を調べることで，$y=f(x)$ の増加・減少を調べることができます。

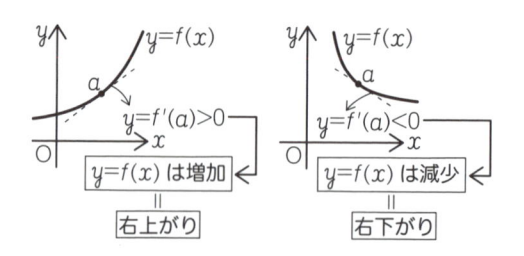

問題1　関数 $f(x)=x^3-3x$ の値の増加・減少を調べましょう。

$f(x)=x^3-3x$ を微分すると

$f'(x)=\boxed{ア}x^2-3=3(x^2-\boxed{イ})$

$=3(x+1)(x-1)$

$\underline{f'(x)=0}$ とすると　$x=-1,\ \boxed{ウ}$
← 接線の傾きが0

x	$\cdots$	-1	$\cdots$	1	$\cdots$
$f'(x)$	$+$	0	$-$	0	$+$
$f(x)$	↗	2	↘	-2	↗

$x<-1,\ 1<x$ のとき　$f'(x)>0$

$-1<x<1$ のとき　$f'(x)<0$　である。

これをまとめると右上の表のようになる。よって，$f(x)$ の値は

$x \leqq -1,\ 1 \leqq x$ のとき $\boxed{エ}$ し，$-1 \leqq x \leqq 1$ のとき $\boxed{オ}$ する。

上の表で，記号 ↗ は関数の値の増加，↘ は関数の値の減少を表します。この表を<u>増減表</u>といいます。

※　上の関数は $x<-1,\ 1<x$ の範囲で増加していますが，解答では $x=-1,\ 1$ も含めて $x \leqq -1,\ 1 \leqq x$ の範囲で増加していると答えればよいです。減少する範囲についても同様のことがいえます。

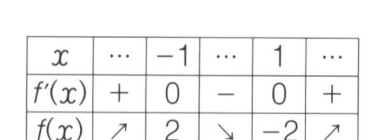

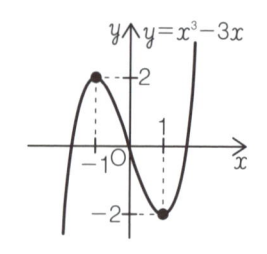

<126ページの問題の答え>
問題1 ア3 イ1 ウ1 エ増加 オ減少

基本練習 →答えは別冊16ページ

関数 $f(x) = x^3 + 3x^2 - 3$ の値の増加・減少を調べよ。

x	$\cdots$		$\cdots$		$\cdots$
$f'(x)$		0		0	
$f(x)$					

関数 $f(x)=x^3$ の値の増加, 減少

関数 $f(x)=x^3$ を微分すると $f'(x)=3x^2$

$f'(x)=0$ とすると $x=0$ $x \neq 0$ のとき $f'(x)>0$ である。
$x=0$ のとき, $f'(x)=0$ となるが, $f'(x)=$ となる x の値が有限個のときも含めて, $f(x)$ の値は単調に増加している。

一方, 関数 $f(x)=-x^3$ を微分すると $f'(x)=-3x^2$

$f'(x)=0$ とすると $x=0$ $x \neq 0$ のとき $f'(x)<0$ である。
よって, $f(x)$ の値は単調に減少している。

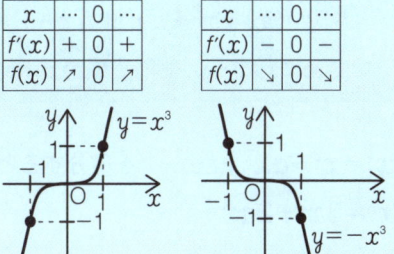

x	$\cdots$	0	$\cdots$
$f'(x)$	+	0	+
$f(x)$	↗	0	↗

x	$\cdots$	0	$\cdots$
$f'(x)$	−	0	−
$f(x)$	↘	0	↘

ステップアップ

58 関数の極大と極小を求めよう

5章 微分と積分　　導関数の応用③

関数 $f(x)$ が $x=a$ を境目として増加から減少に変わるとき，$f(x)$ は $x=a$ で極大であるといい，$f(a)$ を極大値といいます。
また，$x=b$ を境目として減少から増加に変わるとき，$f(x)$ は $x=b$ で極小であるといい，$f(b)$ を極小値といいます。
さらに，極大値と極小値を合わせて，極値といいます。

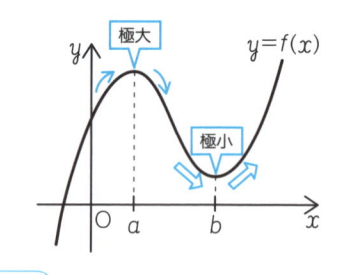

関数の極大・極小

$f'(a)=0$ となる $x=a$ を境目にして
$f'(x)$ の符号が正から負に変わるとき，$f(x)$ は $x=a$ で極大になる。
$f'(x)$ の符号が負から正に変わるとき，$f(x)$ は $x=b$ で極小になる。

問題1
次の関数の極値を求め，そのグラフをかきましょう。
$y=x^3-3x+1$

$y=x^3-3x+1$ より
$y'=3x^2-3$
　$=3(x+\boxed{ア})(x-\boxed{イ})$　←因数分解
$y'=0$ とすると，$x=-1,\ \boxed{ウ}$
y の増減表は次のようになります。

x	$\cdots$	-1	$\cdots$	1	$\cdots$
y'	+	0	−	0	+
y	↗	極大 $\boxed{エ}$	↘	極小 $\boxed{オ}$	↗

よって，この関数は，次の値をとる。
　$x=-1$ のとき極大で，極大値 $\boxed{エ}$
　$x=1$ のとき極小で，極小値 $\boxed{オ}$

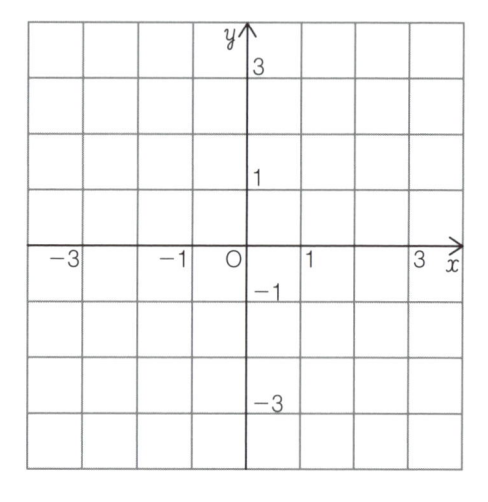

問題2
関数 $f(x)=x^3+ax^2+bx-1$ が $x=1$ で極大値3をとるように，定数 $a,\ b$ の値を定めましょう。また，$f(x)$ の極小値を求めましょう。

関数 $f(x)=x^3+ax^2+bx-1$ を微分すると
　$f'(x)=3x^2+2ax+\boxed{カ}$

<128，129 ページの問題の答え>

問題1 ア1 イ1 ウ1 エ3 オ-1

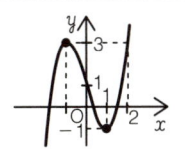

問題2 カb キb ク-6 ケ9 コ9 サ3 シ3

$f(x)$ が $x=1$ で極大値 3 をとるから，$f(1)=3$，$f'(1)=0$

したがって $1+a+b-1=3$ …① ← $f(x)=3$ に $x=1$ を代入

$3+2a+\boxed{キ}=0$ …② ← $f'(x)=0$ に $x=1$ を代入

①，②を解いて，$a=\boxed{ク}$，$b=\boxed{ケ}$

このとき，$f(x)=x^3-6x^2+9x-1$

$f'(x)=3x^2-12x+\boxed{コ}$

$=3(x-1)(x-\boxed{サ})$

したがって，$f(x)$ の増減表は，右のようになり，

$x=1$ のとき極大で，極大値 3，

$x=\boxed{シ}$ のとき極小で，極小値 -1 をとる。

よって，$a=\boxed{ク}$，$b=\boxed{ケ}$，$x=\boxed{シ}$ のとき極小値 -1

x	…	1	…	$\boxed{シ}$	…
$f'(x)$	+	0	−	0	+
$f(x)$	↗	極大 3	↘	極小 −1	↗

$x=1$ で極大値をとることを増減表で確認する

基本練習

→ 答えは別冊 16 ページ

次の関数の極値を求め，そのグラフをかけ。

$y=x^3-3x^2+2$

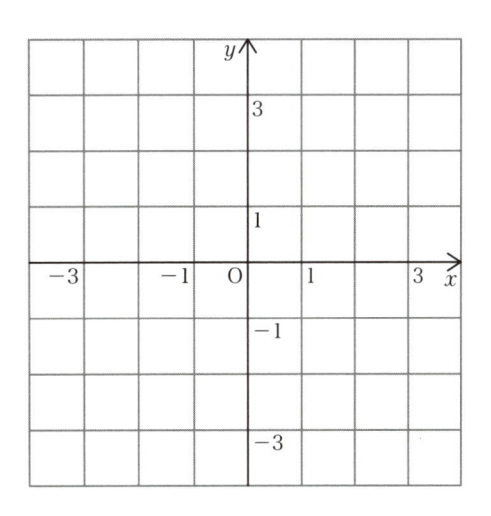

59 関数の最大と最小を求めよう

5章 微分と積分　　導関数の応用④

導関数を用いて，関数の増減や極値を調べて，ある区間における関数の最大値や最小値を求めてみましょう。まず，与えられた区間において増減表をかいてみます。極値と区間の両端の値を比べて，最大・最小となるものを考えます。

極値が必ずしも最大値・最小値になるとは限りません。

問題1 関数 $y=x^3-12x+1$ の 区間 $-1 \leq x \leq 3$ における最大値と最小値を求めましょう。

$y'=3x^2-\boxed{ア}$
$=3(x+\boxed{イ})(x-2)$ ←因数分解
$y'=0$ を解くと $x=\boxed{ウ}$, 2

区間 $-1 \leq x \leq 3$ における y の増減表は右のようになる。

x	-1	$\cdots$	2	$\cdots$	3
y'		$-$	0	$+$	
y	12	↘	極小 -15	↗	-8

グラフは，右の図の実線部分となるから，
y は

$x=\boxed{エ}$ のとき最大値 $\boxed{オ}$
$x=\boxed{カ}$ のとき最小値 $\boxed{キ}$

※ 右のグラフからもわかるように，極大値が最大値になるとは限りません。

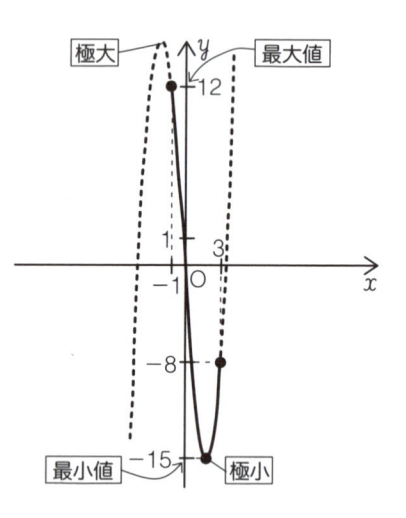

ステップアップ

面積の最大値を求めよう

放物線 $y=-x^2+3$ と x 軸とで囲まれた部分に，右図のように内接する長方形 ABCD の面積 S の最大値を求めよう。

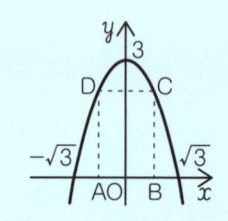

<130ページの問題の答え>
問題1 ア12 イ2 ウ-2 エ-1 オ12 カ2 キ-15

基本練習

→答えは別冊16ページ

関数 $y=2x^3+3x^2-12x+1$ の区間 $-4 \leq x \leq 2$ における最大値と最小値を求めよ。

x	-4	$\cdots$			$\cdots$	2
y'						
y						

ステップアップ

点Bの座標を $(x, 0)$ とおくと,
$AB=2x$, $BC=-x^2+3$ $0<x<\sqrt{3}$ であるから
$S=2x(-x^2+3)=-2x^3+6x$ ← $0<x<\sqrt{3}$ での極値をとる x を求める
$S'=-6x^2+6=-6(x+1)(x-1)$
$S'=0$ とすると $x=\pm 1$
$0<x<\sqrt{3}$ におけるSの増減は右のようになる。
よって 最大値4

x	0	$\cdots$	1	$\cdots$	$\sqrt{3}$
S'		$+$	0	$-$	
S		↗	4	↘	

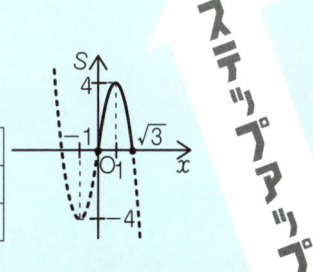

60 方程式・不等式への応用

5章 微分と積分　　方程式・不等式への応用

方程式 $f(x)=0$ の解は，関数 $y=f(x)$ のグラフと x 軸（$y=0$）との共有点の x 座標でしたね。したがって，関数 $y=f(x)$ のグラフをかくことで，方程式 $f(x)=0$ の実数解の個数を調べることができます。

問題1 方程式 $x^3+3x^2-1=0$ の異なる実数解の個数を，グラフを利用して調べましょう。

$y=x^3+3x^2-1$ とおくと $y'=3x^2+6x=3x(x+\boxed{ア})$

$y'=0$ を解くと $x=0,\ \boxed{イ}$

したがって，y の増減表は，次のようになる。

x	$\cdots$	イ	$\cdots$	0	$\cdots$
y'	+	0	−	0	+
y	↗	極大 ウ	↘	極小 −1	↗

この関数のグラフは右のようになり，x 軸と $\boxed{エ}$ 点で交わる。

よって，方程式 $x^3+3x^2-1=0$ の異なる実数解の個数は $\boxed{オ}$ 個である。

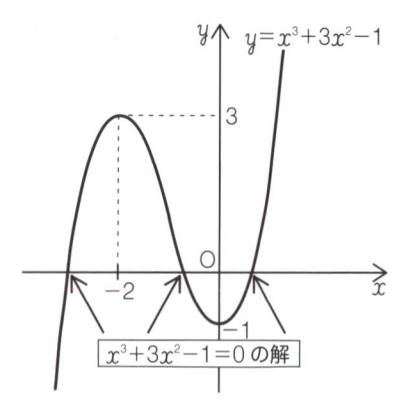

次に，関数の値の増減を調べることにより，不等式を証明してみましょう。
関数 $f(x)$ の最小値が 0 であるとき，不等式 $f(x)\geqq 0$ が成り立ちます。

問題2 $x\geqq 0$ のとき，不等式 $x^3+4\geqq 3x^2$ が成り立つことを証明しましょう。

$f(x)=x^3+4-3x^2$ とおくと　← $x^3+4-3x^2\geqq 0$ を証明すればよい

$f'(x)=3x^2-6x=3x(x-\boxed{カ})$

$f'(x)=0$ を解くと $x=0,\ \boxed{キ}$　← 極値を求める

したがって，$x\geqq 0$ における $f(x)$ の増減表は次のようになる。

x	0	$\cdots$	ク	$\cdots$
$f'(x)$		−	0	+
$f(x)$	4	↘	ケ	↗

$y=f(x)$ のグラフは右のようになり $x=2$ のとき最小値 $\boxed{コ}$ をとる。

したがって，増減表から $x\geqq 0$ のとき $f(x)=x^3+4-3x^2\geqq \boxed{サ}$ となる。

よって $x\geqq 0$ のとき $x^3+4\geqq 3x^2$

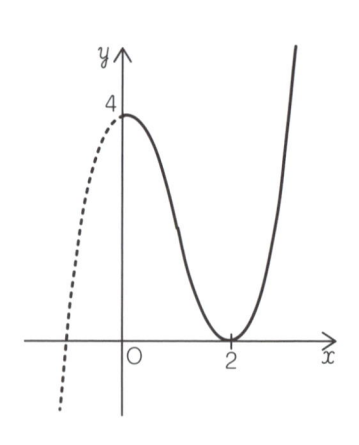

<132ページの問題の答え>

問題1　ア 2　イ -2　ウ 3　エ 3　オ 3

問題2　カ 2　キ 2　ク 2　ケ 0　コ 0　サ 0

基本練習　→答えは別冊16ページ

次の各問いに答えよ。

(1) 3次方程式 $x^3+3x^2-9x=0$ の異なる実数解の個数を調べよ。

(2) $x≧0$ のとき，$2x^3≧3x^2-1$ が成り立つことを証明せよ。

$y=x^3-3x-a$ の実数解の個数は？

$y=x^3-3x$，$y=a$ と考えて，交点の値を求めます。
$y=x^3-3x$ の増減表は，$y'=3x^2-3=3(x+1)(x-1)$ より，右表のようになります。
$y=a$ との交点の数は
　　$-2<a<2$ のとき 3個
　　$a=±2$ のとき 2個
　　$a<-2$，$2<a$ のとき 1個　となります。

x		-1		1	
y'	$+$	0	$-$	0	$-$
y	↗	2	↘	-2	↗

ステップアップ

61 不定積分を求めよう

5章 微分と積分　　不定積分

関数 $f(x)$ が与えられたとき，$F'(x)=f(x)$ すなわち，微分すると $f(x)$ になる関数 $F(x)$ を，関数 $f(x)$ の原始関数といいます。

関数 $f(x)$ の原始関数を $\int f(x)dx$ であらわし，これを $f(x)$ の不定積分といいます。

※ 記号 $\int$ はインテグラルと読みます。

$$F'(x)=f(x) \iff \int f(x)dx = F(x)+C \quad (C は定数)$$

$f(x)$ の不定積分を求めることを，$f(x)$ を積分するといい，定数 C を積分定数といいます。
0 以上のすべての整数 n について，不定積分の公式が成り立ちます。

※ $\int 1 dx$ は $\int dx$ と書くことが多い。

x^n の不定積分

$$\int x^n dx = \frac{x^{n+1}}{n+1}+C$$

不定積分の公式

[1] $\int kf(x)dx = k\int f(x)dx$ 　（k は定数）
[2] $\int \{f(x)+g(x)\}dx = \int f(x)dx + \int g(x)dx$
[3] $\int \{f(x)-g(x)\}dx = \int f(x)dx - \int g(x)dx$

問題1　次の不定積分を求めましょう。
(1) $\int x^2 dx$ 　　(2) $\int (6x^2+2x-3)dx$

C を積分定数とする。

(1) $\int x^2 dx = \dfrac{x^{2+1}}{\boxed{ア}+1}+C = \dfrac{x^3}{\boxed{イ}}+C$

(2) $\int (6x^2+2x-3)dx = 6\int x^2 dx + 2\int x dx - 3\int dx = \boxed{ウ} \times \dfrac{1}{3}x^3 + 2 \times \dfrac{1}{\boxed{エ}}x^2 - 3x + C$

$ = \boxed{オ} x^3 + x^2 - 3x + C$

問題2　不定積分 $\int (x+3)(2x-1)dx$ を求めましょう。

$(x+3)(2x-1) = 2x^2 + \boxed{カ} x - 3$ であるから

$\int (x+3)(2x-1)dx = \int (2x^2+5x-3)dx = 2\int x^2 dx + 5\int x dx - 3\int dx$

$ = \dfrac{2}{3}\boxed{キ} + \dfrac{5}{2}x^2 - 3\boxed{ク} + C$ 　　（C は積分定数）

<134ページの問題の答え>
問題1 (1)ア2 イ3 (2)ウ6 エ2 オ2
問題2 カ5 キx^3 クx

基本練習　→答えは別冊17ページ

C を積分定数として，次の不定積分を求めよ。

(1) $\int 4x^2 dx$

(2) $\int (5x^2+4) dx$

(3) $\int (3x^2-2x+5) dx$

(4) $\int (x-2)(2x+3) dx$

積分と微分の関係って？

関数 $f(x)$ に対して，微分すると $f(x)$ になる関数を $F(x)$ とすると，右のような関係が成り立ちます。

積分する
$F(x) = \int f(x) dx$

$f(x) \rightleftarrows F(x)+C$ （C は定数）

微分する
$F'(x) = f(x)$

ステップアップ

62 定積分の計算をしよう

5章 微分と積分　　　　　　　　定積分

a, b を定数として，$f(x)$ の原始関数の 1 つを $F(x)$ とするとき，

$$\int_a^b f(x)dx = \Big[F(x)\Big]_a^b = F(b)-F(a)$$ を $f(x)$ の a から b までの定積分といいます。

このとき，a を下端，b を上端といいます。

定積分の性質

[1] $\int_a^b kf(x)dx = k\int_a^b f(x)dx$

[2] $\int_a^b \{f(x)+g(x)\}dx = \int_a^b f(x)dx + \int_a^b g(x)dx$

[3] $\int_a^b \{f(x)-g(x)\}dx = \int_a^b f(x)dx - \int_a^b g(x)dx$

[4] $\int_a^a f(x)dx = 0$

[5] $\int_b^a f(x)dx = -\int_a^b f(x)dx$

[6] $\int_a^c f(x)dx + \int_c^b f(x)dx = \int_a^b f(x)dx$

問題 1　次の定積分を求めましょう。

(1) $\int_1^2 (2x+5)dx$　　(2) $\int_1^4 (x-1)(x-4)dx$

(1) $\int_1^2 (2x+5)dx = \Big[x^2+5x\Big]_1^2 = (2^2+\boxed{ア}\cdot 2)-(1^2+\boxed{イ}\cdot 1) = 14-6 = \boxed{ウ}$

　　↳ x^2+5x に $x=2$ を代入　　↳ x^2+5x に $x=1$ を代入

定積分の性質 [1] を用いて，次のようにしてもよい。

$$\int_1^2 (2x+5)dx = 2\int_1^2 x\,dx + 5\int_1^2 dx = 2\Big[\frac{x^2}{2}\Big]_1^2 + 5\Big[x\Big]_1^2 = 2\Big(2-\frac{1}{2}\Big)+5(2-1) = 8$$

(2) $\int_1^4 (x-1)(x-4)dx = \int_1^4 (x^2-5x+4)dx = \Big[\frac{1}{3}x^3 - \frac{5}{\boxed{エ}}x^2 + 4x\Big]_1^4$

展開する

$$= \Big(\frac{1}{3}\cdot 4^3 - \frac{5}{\boxed{オ}}\cdot 4^2 + 4\cdot 4\Big) - \Big(\frac{1}{3}\cdot 1^3 - \frac{5}{\boxed{カ}}\cdot 1^2 + 4\cdot 1\Big) = -\frac{\boxed{キ}}{}$$

問題 2　定積分の性質を利用して，次の定積分を求めましょう。

(1) $\int_1^2 x^2 dx + \int_2^1 x^2 dx$　　(2) $\int_{-1}^1 4x\,dx + \int_1^3 4x\,dx$

(1) $\int_1^2 x^2 dx + \int_2^1 x^2 dx = \int_1^2 x^2 dx - \int_1^2 x^2 dx$　← 定積分の性質 [5]

$\qquad = \boxed{ク}$

(2) $\int_{-1}^1 4x\,dx + \int_1^3 4x\,dx = \int_{-1}^{\boxed{ケ}} 4x\,dx$　← 定積分の性質 [6]

$\qquad = \Big[\boxed{コ}\,x^2\Big]_{-1}^3$

$\qquad = 2\cdot 3^2 - 2\cdot(-1)^2 = \boxed{サ}$

(2) $\boxed{ケ}$

<　136ページの問題の答え＞

問題1 (1)ア 5　イ 5　ウ 8　(2)エ 2　オ 2　カ 2　キ $\dfrac{9}{2}$　**問題2** (1)ク 0　(2)ケ 3　コ 2　サ 16

基本練習　→答えは別冊17ページ

次の定積分を求めよ。

(1) $\displaystyle\int_{-1}^{1}(2x^2+x)dx - \int_{-1}^{1}(x^2-x)dx$

(2) $\displaystyle\int_{-2}^{1}(x^2-1)dx + \int_{1}^{3}(x^2-1)dx$

積分定数のゆくえ

$f(x)$ を積分すると，$F(x)+C$ のようになり，積分定数 C がついていましたね。
$\displaystyle\int_a^b f(x)dx$ を計算するときに，なぜ積分定数を考えないのか，計算してみましょう。

$\displaystyle\int_a^b f(x)dx = \Big[F(x)+C\Big]_a^b = \underbrace{\{F(b)+C\}}_{x=b\text{ を代入}} - \underbrace{\{F(a)+C\}}_{x=a\text{ を代入}}$

$= F(b) - F(a)$

上記の計算式からわかるように，定積分では，積分定数 C をつけなくても，計算に影響はありません。

ステップアップ

63 微分と定積分

$\int_a^x f(t)dt$ のように，上端が変数 x で表されている定積分は，原始関数を $F(x)$，a を定数とすると，$F(x)-F(a)$ となり，x の関数になります。

この関数を x について微分すると

$$\frac{d}{dx}\int_a^x f(t)dt = \frac{d}{dx}\Big[F(t)\Big]_a^x = \frac{d}{dx}\{F(x)-F(a)\} = F'(x)-0 = \underline{f(x)}$$

← $f(t)$ に x を代入した関数

微分と定積分の関係

a が定数のとき， $\dfrac{d}{dx}\int_a^x f(t)dt = f(x)$

問題1 関数 $\int_1^x (2t+3)dt$ を x で微分しましょう。

この関数を x について微分すると $\dfrac{d}{dx}\int_1^x (2t+3)dt = \boxed{ア}\,x + \boxed{イ}$

問題2 次の等式を満たす関数 $f(x)$ と定数 a の値を求めましょう。
$$\int_1^x f(t)dt = x^2+5x+a$$

$\int_1^x f(t)dt = x^2+5x+a$ …① の両辺を x について微分すると

$$\frac{d}{dx}\int_1^x f(t)dt = \frac{d}{dx}(x^2+5x+a)$$

よって $f(x) = \boxed{ウ}\,x + \boxed{エ}$ ← $\dfrac{d}{dx}\int_a^x f(t)dt = f(x)$ の利用

また ①に $x=1$ を代入すると

(左辺) $= \int_1^1 f(t)dt = \boxed{オ}$ ← 定積分の性質 [4] より $\int_a^a f(t)dt = 0$

(右辺) $= 1^2 + 5\cdot 1 + a = 6+a$

であるから $0 = \boxed{カ} + a$

これを解いて $a = \boxed{キ}$

<138ページの問題の答え>
問題1 ア2 イ3
問題2 ウ2 エ5 オ0 カ6 キ−6

基本練習 → 答えは別冊17ページ

次の等式を満たす関数 $f(x)$ と定数 a の値を求めよ。

$$\int_{-1}^{x} f(t)dt = x^2 + 2x + a$$

下端が定数aである場合を考えよう

等式 $\int_{a}^{x} f(t)dt = x^2 + 2x - 3$ を満たす関数 $f(x)$ と定数 a の値を求めてみましょう。

$\int_{a}^{x} f(t)dt = x^2 + 2x - 3$ …① の両辺を x について微分すると

$\dfrac{d}{dx}\int_{a}^{x} f(t)dt = \dfrac{d}{dx}(x^2 + 2x - 3)$ よって $f(x) = 2x + 2$

また，①に $x = a$ を代入すると （左辺）$=\int_{a}^{a} f(t)dt = 0$ （右辺）$= a^2 + 2a - 3$ であるから

$0 = a^2 + 2a - 3$

$(a+3)(a-1) = 0$ これを解いて $a = -3, 1$

ステップアップ

64 曲線とx軸に囲まれた部分の面積

5章 微分と積分　　　　　　　　　　　　　　　　　　　　面積①

曲線と x 軸とで囲まれた部分の面積は次のようになります。

① 曲線が x 軸より上側にある場合

$a \leq x \leq b$ において，曲線 $y=f(x)$ と x 軸および2直線 $x=a$，$x=b$ とで囲まれた部分の面積 S は

$$S = \int_a^b f(x)dx$$

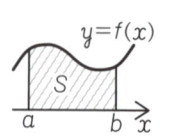

② 曲線が x 軸より下側にある場合

$a \leq x \leq b$ において，曲線 $y=f(x)$ と x 軸および2直線 $x=a$，$x=b$ とで囲まれた部分の面積 S は

$$S = -\int_a^b f(x)dx$$

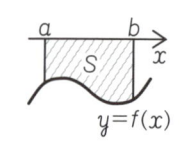

問題1 次の各部分の面積を求めましょう。
(1) 放物線 $y=x^2$ と x 軸および2直線 $x=1$，$x=3$ とで囲まれた部分
(2) 放物線 $y=-x^2+9$ と x 軸および2直線 $x=0$，$x=2$ とで囲まれた部分
(3) 放物線 $y=x^2-x-2$ と x 軸で囲まれた部分の面積を求めましょう。

(1) 求める面積 S は右図の斜線部分であるから

$$S = \int_1^3 x^2 dx = \left[\frac{1}{\boxed{ア}}x^3\right]_1^3 = \frac{1}{\boxed{イ}} \cdot 3^3 - \frac{1}{\boxed{ウ}} \cdot 1^3$$

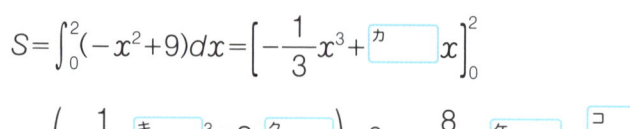

$$= \boxed{エ} - \frac{1}{3} = \boxed{オ}$$

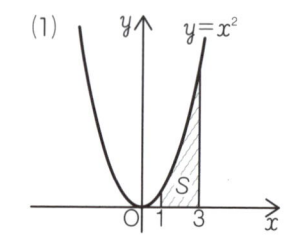

(2) 求める面積 S は右図の斜線部分であるから

$$S = \int_0^2 (-x^2+9)dx = \left[-\frac{1}{3}x^3 + \boxed{カ}x\right]_0^2$$

$$= \left(-\frac{1}{3} \cdot \boxed{キ}^3 + 9 \cdot \boxed{ク}\right) - 0 = -\frac{8}{3} + \boxed{ケ} = \boxed{コ}$$

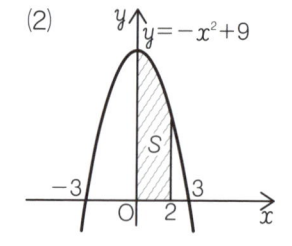

(3) 放物線と x 軸との交点の x 座標は

$x^2-x-2=0$ ← x 軸との交点を求める

$(x+1)(x-2)=0$

したがって　$x=-1, \boxed{サ}$

求める面積 S は右図の斜線部分であり，x 軸より下にあるので

$$S = -\int_{-1}^2 (x^2-x-2)dx = -\left[\frac{1}{3}x^3 - \frac{1}{\boxed{シ}}x^2 - \boxed{ス}x\right]_{-1}^2$$

$$= -\left\{\left(\frac{8}{3} - \boxed{セ} - 4\right) - \left(-\frac{1}{3} - \frac{1}{2} + \boxed{ソ}\right)\right\} = \boxed{タ}$$

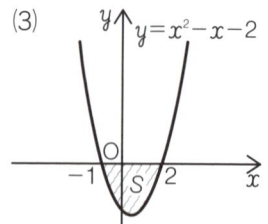

<140ページの問題の答え>

問題1 (1) ア 3　イ 3　ウ 3　エ 9　オ $\dfrac{26}{3}$　　(3) サ 2　シ 2　ス 2　セ 2　ソ 2　タ $\dfrac{9}{2}$

(2) カ 9　キ 2　ク 2　ケ 18　コ $\dfrac{46}{3}$

基本練習

→ 答えは別冊17ページ

次の曲線と x 軸で囲まれた部分の面積 S を求めよ。

(1) $y = -x^2 + 2x$

(2) $y = x^2 + 2x - 3$

区間を分けて面積を求める場合

$y = x^2 - 1$ と x 軸, 直線 $x=0$, $x=2$ で囲まれた部分を図示すると, 右のようになります。この場合は区間を ($x=0$, $x=1$) と ($x=1$, $x=2$) に分けて

$S = -\int_0^1 (x^2-1)dx + \int_1^2 (x^2-1)dx$ として計算します。

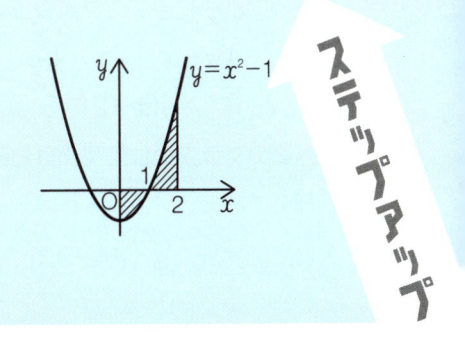

ステップアップ

65　2つの曲線に囲まれた部分の面積

5章　微分と積分　　面積②

2つの曲線で囲まれた部分の面積は次のようになります。

$a \leq x \leq b$ において，
曲線 $y=f(x)$ と $y=g(x)$ および，2直線 $x=a$, $x=b$ で
囲まれた部分の面積 S は，$y=f(x)$ が $y=g(x)$ より 上のとき

$$S = \int_a^b f(x)dx - \int_a^b g(x)dx = \int_a^b \{f(x)-g(x)\}dx$$

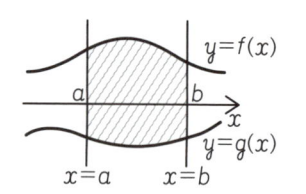

問題1　放物線 $y=x^2+2x$ と直線 $y=x+2$ とで囲まれた部分の面積を求めましょう。

$\begin{cases} y=x^2+2x & \cdots ① \\ y=x+2 & \cdots ② \end{cases}$

放物線①と直線②の交点の x 座標は

$x^2+2x = x+2$　　←①，②から y を消去する

より　$x^2+x-2=0$　$(x+\boxed{ア})(x-1)=0$

したがって　$x = \boxed{イ}$, 1

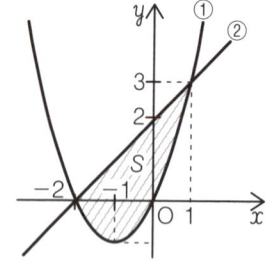

①，②のグラフの位置関係は右上図のようになり，求める面積 S は右上図の斜線部分である。

よって　$S = \int_{-2}^{1} \{(x+2)-(x^2+2x)\}dx$

$= \int_{-2}^{1} (-x^2-x+2)dx$

$= \left[-\dfrac{1}{\boxed{ウ}}x^3 - \dfrac{1}{\boxed{エ}}x^2 + 2x \right]_{-2}^{1} = \left(-\dfrac{1}{3} - \dfrac{1}{2} + 2\right) - \left(\dfrac{8}{3} - \boxed{オ} - 4\right) = \boxed{\dfrac{}{カ}}$

問題2　次の2つの放物線で囲まれた部分の面積を求めましょう。
$y=x^2-4$, $y=-x^2+2x$

$\begin{cases} y=x^2-4 & \cdots ① \\ y=-x^2+2x & \cdots ② \end{cases}$

放物線①と放物線②の交点の x 座標は

$x^2-4 = -x^2+2x$ より　$2x^2-2x-4=0$　$x^2-x-2=0$

$(x+\boxed{キ})(x-2)=0$　　したがって，$x = \boxed{ク}$, 2

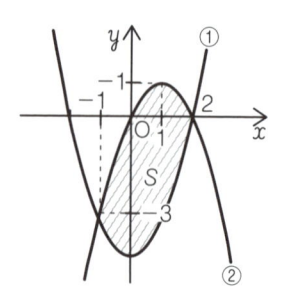

①，②のグラフの位置関係は右図のようになり，求める面積 S は図の斜線部分である。

<142,143 ページの問題の答え>

問題1 ア 2 イ -2 ウ 3 エ 2 オ 2 カ $\dfrac{9}{2}$

問題2 キ 1 ク -1 ケ 2 コ 4 サ 4 シ 9

よって $S = \int_{-1}^{2} \{(-x^2+2x)-(x^2-4)\}dx$

$= \int_{-1}^{2}(-2x^2+\boxed{ケ}x+\boxed{コ})dx$

$= \left[-\dfrac{2}{3}x^3+x^2+\boxed{サ}x\right]_{-1}^{2} = \left(-\dfrac{16}{3}+4+8\right)-\left(\dfrac{2}{3}+1-4\right) = \boxed{シ}$

基本練習

→ 答えは別冊 18 ページ

2つの放物線 $y=x^2$, $y=-x^2+4x$ で囲まれた部分の面積を求めよ。

定積分の計算と面積

等式 $\int_a^b (x-a)(x-b)dx = -\dfrac{1}{6}(b-a)^3$ が成り立つことを証明してみよう。

$\int_a^b (x-a)(x-b)dx = \int_a^b \{x^2-(a+b)x+ab\}dx = \left[\dfrac{1}{3}x^3-\dfrac{1}{2}(a+b)x^2+abx\right]_a^b$

$= \left\{\dfrac{1}{3}b^3-\dfrac{1}{2}(a+b)b^2+ab^2\right\} - \left\{\dfrac{1}{3}a^3-\dfrac{1}{2}(a+b)a^2+a^2b\right\}$

$= -\dfrac{1}{6}(b^3-3ab^2+3a^2b-a^3) = -\dfrac{1}{6}(b-a)^3$

ステップアップ

センター試験にチャレンジ

5章 微分と積分

→ 答えは別冊 23 ページ

1 放物線 $y=-x^2+2x$ を C_1 とし，C_1 上に点 $P(a, -a^2+2a)$ をとる。ただし，a は $0<a<2$ を満たす定数とする。

(1) P における C_1 の接線 l_1 の方程式は $y=\boxed{ア}(\boxed{イ}-\boxed{ウ})x+a^{\boxed{エ}}$ である。

原点 O における C_1 の接線を l_2 とすると，l_1 と l_2 との交点 Q の座標は $\left(\dfrac{\boxed{オ}}{\boxed{カ}}, \boxed{キ}\right)$ である。

(2) 直線 $x=\dfrac{\boxed{オ}}{\boxed{カ}}$，$l_2$ および C_1 で囲まれた図形の面積 S_1 は $S_1=\dfrac{a^{\boxed{ク}}}{\boxed{ケコ}}$ である。

(3) 放物線 $y=px^2+qx+r$ を C_2 とする。C_2 が 3 点 O，P，Q を通るとき，
$p=\boxed{サシ}$，$q=a+\boxed{ス}$，$r=\boxed{セ}$ となる。

このとき C_1 と C_2 で囲まれた図形の面積 S_2 は $S_2=\dfrac{a^{\boxed{ソ}}}{\boxed{タ}}$ である。

したがって，$S_2=\boxed{チ}S_1$ が成り立つ。

（センター試験本試）

2

aを正の実数とし，xの2次関数 $f(x), g(x)$ を $f(x)=\dfrac{1}{8}x^2$, $g(x)=-x^2+3ax-2a^2$ とする。また，放物線 $y=f(x)$ および $y=g(x)$ をそれぞれC_1, C_2とする。

(1) C_1とC_2の共通点をPとすると，点Pの座標は $\left(\dfrac{ア}{イ}a, \dfrac{ウ}{エ}a^2\right)$ である。

また，点PにおけるC_1の接線の方程式は $y=\dfrac{オ}{カ}ax-\dfrac{キ}{ク}a^2$ である。

(2) C_1とx軸および直線$x=2$ で囲まれた図形の面積は $\dfrac{ケ}{コ}$ である。また，C_2とx軸の交点のx座標は $サ$，$シス$ であり，C_2とx軸で囲まれた図形の面積は $\dfrac{セ}{ソ}a^3$ である。**（センター試験本試）**

3

座標平面において放物線 $y=x^2$ をCとし，直線 $y=ax$ をℓとする。ただし，$0<a<1$とする。Cとℓで囲まれた図形の面積をS_1とし，次にCとℓと 直線$x=1$ で囲まれた図形の面積をS_2とする。

(1) S_1は $S_1=\dfrac{ア}{イ}a^{ウ}$ と表される。

(2) 二つの面積の和$S=S_1+S_2$は $S=\dfrac{1}{エ}a^{オ}-\dfrac{1}{カ}a+\dfrac{1}{キ}$ と表される。

(3) Sは $a=\dfrac{\sqrt{ク}}{ケ}$ のとき最小値 $\dfrac{コ}{サ}-\dfrac{\sqrt{シ}}{ス}$ をとる。

（センター試験追試）

高校　数学Ⅱをひとつひとつわかりやすく。

ブックデザイン──山口秀昭（Studio Flavor）
本文イラスト──こさかいずみ
編集協力─────佐藤玲子，江川信恵
　　　　　　　　髙木基可，花園安紀，株式会社 U-tee
DTP────────株式会社四国写研
印刷会社─────株式会社リーブルテック

高校 数学Ⅱを
ひとつひとつ
わかりやすく。

解 答

01 3次式を展開しよう （本文ページ → 7）

基本練習

次の式を展開せよ。

(1) $(2x+3)^3 = (2x)^3 + 3\times(2x)^2\times 3 + 3\times 2x\times 3^2 + 3^3$
$= \underline{8x^3+36x^2+54x+27}$ ……(答) ← 乗法公式[1]

(2) $(x-2y)^3 = x^3 - 3\times x^2\times 2y + 3\times x\times(2y)^2 - (2y)^3$
$= \underline{x^3-6x^2y+12xy^2-8y^3}$ ……(答) ← 乗法公式[2]

(3) $(x+4y)(x^2-4xy+16y^2) = (x+4y)\{x^2-x\times 4y+(4y)^2\}$
$= x^3+(4y)^3$
$= \underline{x^3+64y^3}$ ……(答) ← 乗法公式[3]

(4) $(3a-2)(9a^2+6a+4) = (3a-2)\{(3a)^2+3a\times 2+2^2\}$
$= (3a)^3-2^3$
$= \underline{27a^3-8}$ ……(答) ← 乗法公式[4]

02 3次の因数分解を解こう （本文ページ → 9）

基本練習

次の式を因数分解せよ。

(1) $8x^3+1 = (2x)^3+1$
$= (2x+1)\{(2x)^2-2x\times 1+1^2\}$
$= \underline{(2x+1)(4x^2-2x+1)}$ ……(答) ← 因数分解の公式[1]

(2) $x^3-125y^3 = x^3-(5y)^3$
$= (x-5y)\{x^2+x\times 5y+(5y)^2\}$
$= \underline{(x-5y)(x^2+5xy+25y^2)}$ ……(答) ← 因数分解の公式[2]

(3) $81x^3+3 = 3(27x^3+1)$ ← 共通因数をくくり出す
$= 3\{(3x)^3+1\}$
$= 3(3x+1)\{(3x)^2-3x\times 1+1^2\}$
$= \underline{3(3x+1)(9x^2-3x+1)}$ ……(答) ← 因数分解の公式[1]

(4) $ax^3-8ay^3 = a(x^3-8y^3)$ ← 共通因数をくくり出す
$= a\{x^3-(2y)^3\}$
$= a(x-2y)\{x^2+x\times 2y+(2y)^2\}$
$= \underline{a(x-2y)(x^2+2xy+4y^2)}$ ……(答) ← 因数分解の公式[2]

03 整式を整式で割る計算 （本文ページ → 11）

基本練習

次の整式 A を整式 B で割ったときの商と余りを求めよ。

(1) $A=4x^2-8x+7$, $B=2x-3$

$$
\begin{array}{r}
2x-1 \\
2x-3\overline{\smash{)}\,4x^2-8x+7} \\
\underline{4x^2-6x} \\
-2x+7 \\
\underline{-2x+3} \\
4
\end{array}
$$

よって 商 $\underline{2x-1}$ ……(答)
　　　余り $\underline{4}$ ……(答)

(2) $A=2x^3-5x+1$, $B=x-2$

$$
\begin{array}{r}
2x^2+4x+3 \\
x-2\overline{\smash{)}\,2x^3-5x+1} \\
\underline{2x^3-4x^2} \\
4x^2-5x \\
\underline{4x^2-8x} \\
3x+1 \\
\underline{3x-6} \\
7
\end{array}
$$

← 整式 A には、x^2 の項がないので、その位置をあけておきます。

よって 商 $\underline{2x^2+4x+3}$ ……(答)
　　　余り $\underline{7}$ ……(答)

04 分数式のかけ算と割り算 （本文ページ → 13）

基本練習

次の計算をせよ。

(1) $\dfrac{x^2-9}{x^2+2x}\times\dfrac{x^2+3x+2}{x^2+x-12} = \dfrac{(x+3)(x-3)}{x(x+2)}\times\dfrac{(x+1)(x+2)}{(x+4)(x-3)}$ ← 因数分解
$= \underline{\dfrac{(x+3)(x+1)}{x(x+4)}}$ ……(答)

(2) $\dfrac{x+3}{x^2-4x+4}\div\dfrac{x^2+2x-3}{x^2-x-2} = \dfrac{x+3}{(x-2)^2}\times\dfrac{(x+1)(x-2)}{(x+3)(x-1)}$ ← 因数分解
$= \underline{\dfrac{x+1}{(x-1)(x-2)}}$ ……(答)

05 分数式の足し算と引き算 (本文ページ → 15)

基本練習

次の計算をせよ。

(1) $\dfrac{1}{x}+\dfrac{2}{x^2}=\dfrac{x}{x^2}+\dfrac{2}{x^2}$　　←通分する

　　　　　$=\dfrac{x+2}{x^2}$ ……(答)　　←分子どうしのたし算をする

(2) $\dfrac{2}{x-1}-\dfrac{4x}{x^2-1}=\dfrac{2}{x-1}-\dfrac{4x}{(x+1)(x-1)}$　　←分母を因数分解する

　　　　　　　　$=\dfrac{2(x+1)}{(x+1)(x-1)}-\dfrac{4x}{(x+1)(x-1)}$　　←通分する

　　　　　　　　$=\dfrac{2(x+1)-4x}{(x+1)(x-1)}$　　←分子どうしのひき算をする

　　　　　　　　$=\dfrac{-2x+2}{(x+1)(x-1)}$　　←分子の同類項をまとめる

　　　　　　　　$=\dfrac{-2(x-1)}{(x+1)(x-1)}$　　←分子の共通因数をくくり出す

　　　　　　　　$=-\dfrac{2}{x+1}$ ……(答)　　←約分する

06 二項定理を計算しよう (本文ページ → 17)

基本練習

二項定理を用いて、$(2x+y)^5$ を展開せよ。

$(2x+y)^5 = {}_5C_0 \cdot (2x)^5 + {}_5C_1 \cdot (2x)^4 \cdot y + {}_5C_2 \cdot (2x)^3 \cdot y^2$
$\qquad\qquad + {}_5C_3 \cdot (2x)^2 \cdot y^3 + {}_5C_4 \cdot (2x) \cdot y^4 + {}_5C_5 \cdot y^5$
$\qquad = 32x^5 + 5 \cdot 16x^4 \cdot y + 10 \cdot 8x^3 \cdot y^2 + 10 \cdot 4x^2 \cdot y^3 + 5 \cdot 2x \cdot y^4 + y^5$
$\qquad = \underline{32x^5 + 80x^4y + 80x^3y^2 + 40x^2y^3 + 10xy^4 + y^5}$ ……(答)

07 恒等式を計算しよう (本文ページ → 19)

基本練習

$a(x-2)^2+b(x-2)+c=2x^2-x+3$ が x についての恒等式となるように、定数 a, b, c の値を定めよ。

等式の左辺を展開して、x について整理すると
$\quad ax^2+(-4a+b)x+(4a-2b+c)=2x^2-x+3$
これが x についての恒等式であるから、両辺の係数を比較して
$\begin{cases} a=2 & \cdots\cdots ① \\ -4a+b=-1 & \cdots\cdots ② \\ 4a-2b+c=3 & \cdots\cdots ③ \end{cases}$
①、②、③を連立して a, b, c を求めると
$\quad \underline{a=2,\ b=7,\ c=9}$ ……(答)

08 等式を証明しよう (本文ページ → 21)

基本練習

次の等式が成り立つことを証明せよ。

$(ax+by)^2-(ay+bx)^2=(a^2-b^2)(x^2-y^2)$

左辺と右辺をそれぞれ変形して、同じ式になることを示す。

(左辺) $=(ax+by)^2-(ay+bx)^2$　　　　　　　　　　乗法公式の利用
$\qquad =(a^2x^2+2abxy+b^2y^2)-(a^2y^2+2abxy+b^2x^2)$
$\qquad =a^2x^2+2abxy+b^2y^2-a^2y^2-2abxy-b^2x^2$
$\qquad =a^2x^2-a^2y^2-b^2x^2+b^2y^2$

(右辺) $=(a^2-b^2)(x^2-y^2)$　　　　　　　　　　両辺とも同じ式になる
$\qquad =a^2x^2-a^2y^2-b^2x^2+b^2y^2$

よって、$(ax+by)^2-(ay+bx)^2=(a^2-b^2)(x^2-y^2)$ ……証明終

別解　左辺の変形をつづけて、右辺と同じ式を導いてもよい。

(左辺) $=a^2x^2-a^2y^2-b^2x^2+b^2y^2$　　　　　　2つの項の共通な因数をくくり出す
$\qquad =a^2(x^2-y^2)-b^2(x^2-y^2)$　　　　　　さらに共通な因数をくくり出し、因数分解
$\qquad =(a^2-b^2)(x^2-y^2)=$ (右辺)
　　　　　右辺と同じ式
　　　　　　　　　　　　　　　　　　　……証明終

09 不等式を証明しよう　本文ページ→23

基本練習

不等式 $2(x^2+y^2) \geq (x+y)^2$ を証明せよ。
また，等号が成り立つのはどのようなときか。

(左辺)−(右辺)$= 2(x^2+y^2)-(x+y)^2$
$= 2x^2+2y^2-(x^2+2xy+y^2)$
$= 2x^2+2y^2-x^2-2xy-y^2$ 　同類項をまとめる
$= x^2-2xy+y^2$ 　（　）^{2} の形にする
$= (x-y)^2$

$(x-y)^2 \geq 0$ であるから，(左辺)−(右辺)≥ 0
よって，$2(x^2+y^2) \geq (x+y)^2$ ……証明終

等号が成り立つのは，$x-y=0$ すなわち $\underline{x=y}$ のときである。……(答)

10 相加平均と相乗平均　本文ページ→25

基本練習

$a>0$，$b>0$ のとき，次の不等式を証明せよ。
また，等号が成り立つのはどのようなときか。

(1) $a+\dfrac{4}{a} \geq 4$ 　$a>0$ より $\dfrac{4}{a}>0$ であるから，相加平均と相乗平均の関係により

$a+\dfrac{4}{a} \geq 2\sqrt{a \cdot \dfrac{4}{a}}$ 　←$\sqrt{a \cdot \dfrac{4}{a}}=\sqrt{4}=2$

したがって $a+\dfrac{4}{a} \geq 4$ ……証明終

等号が成り立つのは，$a=\dfrac{4}{a}$ すなわち $a^2=4$ のときで，
$a>0$ であるから，$\underline{a=2}$ のときである。……(答)

(2) $\dfrac{a}{b}+\dfrac{9b}{a} \geq 6$ 　$a>0$，$b>0$ より $\dfrac{a}{b}>0$，$\dfrac{9b}{a}>0$ であるから

相加平均と相乗平均の関係により

$\dfrac{a}{b}+\dfrac{9b}{a} \geq 2\sqrt{\dfrac{a}{b} \cdot \dfrac{9b}{a}}$ 　←$\sqrt{\dfrac{a}{b} \cdot \dfrac{9b}{a}}=\sqrt{9}=3$

したがって $\dfrac{a}{b}+\dfrac{9b}{a} \geq 6$ ……証明終

等号が成り立つのは，$\dfrac{a}{b}=\dfrac{9b}{a}$ すなわち $a^2=9b^2$ のときで，
$a>0$，$b>0$ であるから $\underline{a=3b}$ のときである。……(答)

11 複素数とは？　本文ページ→27

基本練習

次の等式を満たす実数 a，b の値を求めよ。

(1) $(3a-b)+(2a+b)i=7+8i$
a，b が実数のとき，$3a-b$，$2a+b$ はいずれも実数であるから
$\begin{cases} 3a-b=7 & \text{……①} \\ 2a+b=8 & \text{……②} \end{cases}$
①，②を連立して解くと　$\underline{a=3, b=2}$ ……(答)

(2) $(a+2)+(2a+b)i=0$
a，b が実数のとき，$a+2$，$2a+b$ はいずれも実数であるから
$\begin{cases} a+2=0 & \text{……①} \\ 2a+b=0 & \text{……②} \end{cases}$
①，②を連立して解くと　$\underline{a=-2, b=4}$ ……(答)

12 複素数の計算をしよう　本文ページ→29

基本練習

次の計算をせよ。

(1) $(3+7i)+(-5+2i)=(3-5)+(7+2)i=\underline{-2+9i}$ ……(答)

(2) $(4-3i)-(3-5i)=(4-3)+(-3+5)i=\underline{1+2i}$ ……(答)

(3) $(3-4i)(2+i)=6+3i-8i-4i^2$
$=6-5i-4\cdot(-1)$
$=\underline{10-5i}$ ……(答)

(4) $\dfrac{12+5i}{3-2i} = \dfrac{(12+5i)(3+2i)}{(3-2i)(3+2i)}$
$= \dfrac{36+24i+15i+10i^2}{9-4i^2}$
$= \dfrac{36+39i+10\cdot(-1)}{9-4\cdot(-1)}$
$= \dfrac{26+39i}{13}$
$= \dfrac{26}{13}+\dfrac{39}{13}i$
$= \underline{2+3i}$ ……(答)

13 2次方程式の解と判別式

基本練習

次の2次方程式の解の判別をせよ。

(1) $x^2+4x+1=0$

2次方程式 $x^2+4x+1=0$ の判別式を D とすると,
$D=4^2-4\cdot 1\cdot 1=12>0$
よって 異なる2つの実数解をもつ ……(答)

(2) $16x^2+8x+1=0$

2次方程式 $16x^2+8x+1=0$ の判別式を D とすると
$D=8^2-4\cdot 16\cdot 1=0$
よって 重解をもつ ……(答)

(3) $5x^2-2x+3=0$

2次方程式 $5x^2-2x+3=0$ の判別式を D とすると
$D=(-2)^2-4\cdot 5\cdot 3=-56<0$
よって 異なる2つの虚数解をもつ ……(答)

14 2次方程式の解と係数の関係

基本練習

2次方程式 $2x^2-6x+3=0$ の2つの解を α, β とするとき,次の式の値を求めよ。

解と係数の関係から,$\alpha+\beta=-\dfrac{-6}{2}=3$,$\alpha\beta=\dfrac{3}{2}$ であるから

(1) $\alpha^2+\beta^2=(\alpha+\beta)^2-2\alpha\beta$
$=3^2-2\cdot\dfrac{3}{2}$
$=\underline{6}$ ……(答)

(2) $\dfrac{1}{\alpha}+\dfrac{1}{\beta}=\dfrac{\alpha+\beta}{\alpha\beta}$
$=3\div\dfrac{3}{2}$
$=\underline{2}$ ……(答)

15 2次式の因数分解

基本練習

次の2次式を複素数の範囲で因数分解せよ。

(1) x^2-6x+4

2次方程式 $x^2-6x+4=0$ の解は
$x=\dfrac{-(-6)\pm\sqrt{(-6)^2-4\cdot 1\cdot 4}}{2\cdot 1}=\dfrac{6\pm 2\sqrt{5}}{2}=3\pm\sqrt{5}$ であるから
$x^2-6x+4=\{x-(3+\sqrt{5})\}\{x-(3-\sqrt{5})\}$
$=\underline{(x-3-\sqrt{5})(x-3+\sqrt{5})}$ ……(答)

(2) $3x^2-8x+7$

2次方程式 $3x^2-8x+7=0$ の解は
$x=\dfrac{-(-8)\pm\sqrt{(-8)^2-4\cdot 3\cdot 7}}{2\cdot 3}=\dfrac{8\pm 2\sqrt{5}i}{6}=\dfrac{4\pm\sqrt{5}i}{3}$ であるから
$3x^2-8x+7=\underline{3\left(x-\dfrac{4+\sqrt{5}i}{3}\right)\left(x-\dfrac{4-\sqrt{5}i}{3}\right)}$ ……(答)

16 剰余の定理と因数定理

基本練習

因数定理を用いて,次の式を因数分解せよ。

(1) x^3-7x+6

$P(x)=x^3-7x+6$ とおくと
$P(1)=1^3-7\cdot 1+6=0$
であるから,$P(x)$ は $x-1$ で割り切れる
右のように,$P(x)$ を $x-1$ で割ると
商が x^2+x-6 であるから
$P(x)=(x-1)(x^2+x-6)$
$=(x-1)(x-2)(x+3)$
よって $\underline{x^3-7x+6=(x-1)(x-2)(x+3)}$ ……(答)

(2) $x^3+x^2-8x-12$

$P(x)=x^3+x^2-8x-12$ とおくと
$P(-2)=(-2)^3+(-2)^2-8\cdot(-2)-12=0$
であるから,$P(x)$ は $x+2$ で割り切れる
右のように,$P(x)$ を $x+2$ で割ると
商が x^2-x-6 であるから
$P(x)=(x+2)(x^2-x-6)$
$=(x+2)(x+2)(x-3)$
$=(x+2)^2(x-3)$
よって $\underline{x^3+x^2-8x-12=(x+2)^2(x-3)}$ ……(答)

17 高次方程式を解こう

基本練習

次の方程式を解け。

(1) $x^4 - 2x^2 - 15 = 0$

左辺を因数分解すると $(x^2-5)(x^2+3)=0$
したがって, $x^2-5=0$ または $x^2+3=0$
　$x^2-5=0$ すなわち $x^2=5$ より $x=\pm\sqrt{5}$
　$x^2+3=0$ すなわち $x^2=-3$ より $x=\pm\sqrt{3}i$
よって $\underline{x=\pm\sqrt{5},\ \pm\sqrt{3}i}$ ……(答)

(2) $x^3 - x^2 - 3x + 2 = 0$

$P(x)=x^3-x^2-3x+2$ とおくと
$P(2)=2^3-2^2-3\cdot 2+2=0$
であるから $P(x)$ は $x-2$ で割り切れる
$P(x)$ を $x-2$ で割ると, 右の計算から
商は x^2+x-1
したがって
　$P(x)=(x-2)(x^2+x-1)$
$P(x)=0$ より $x-2=0$ または $x^2+x-1=0$
よって, $\underline{x=2,\ \dfrac{-1\pm\sqrt{5}}{2}}$ ……(答)

```
          x² + x - 1
       ┌─────────────
x - 2 )  x³ - x² - 3x + 2
          x³ - 2x²
         ─────────
              x² - 3x
              x² - 2x
             ─────────
                  - x + 2
                  - x + 2
                 ─────────
                        0
```

18 数直線上の2点間の距離

基本練習

原点Oと3点 A(−2), B(3), C(10) について, 次の距離を求めよ。

(1) OA

$OA=|-2-0|=\underline{2}$ ……(答)

(2) AB

$AB=|3-(-2)|=\underline{5}$ ……(答)

(3) AC

$AC=|10-(-2)|=\underline{12}$ ……(答)

19 数直線上の内分点・外分点

基本練習

2点 A(−4), B(10) に対して, 次の点の座標を求めよ。

(1) 線分 AB を 5:2 に内分する点 P

点 P の座標を x とおくと
$$x=\dfrac{2\cdot(-4)+5\cdot 10}{5+2}=\dfrac{42}{7}=6$$
よって点 P の座標は $\underline{6}$ ……(答)

(2) 線分 AB の中点 M

点 M の座標を x とおくと
$$x=\dfrac{1\cdot(-4)+1\cdot 10}{1+1}=\dfrac{6}{2}=3$$
よって点 M の座標は $\underline{3}$ ……(答)

(3) 線分 AB を 3:5 に外分する点 Q

点 Q の座標を x とおくと
$$x=\dfrac{(-5)\cdot(-4)+3\cdot 10}{3-5}=\dfrac{50}{-2}=-25$$
よって点 Q の座標は $\underline{-25}$ ……(答)

20 座標平面上の2点間の距離

基本練習

次の2点間の距離を求めよ。

(1) A(2, 7) B(5, 1)

$AB=\sqrt{(5-2)^2+(1-7)^2}$
　　$=\sqrt{3^2+(-6)^2}$
　　$=\sqrt{45}$
　　$=\underline{3\sqrt{5}}$ ……(答)

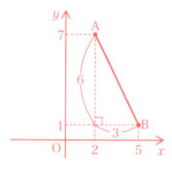

(2) A(−1, 2) B(7, −4)

$AB=\sqrt{\{7-(-1)\}^2+(-4-2)^2}$
　　$=\sqrt{8^2+(-6)^2}$
　　$=\sqrt{100}$
　　$=\underline{10}$ ……(答)

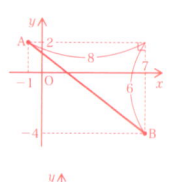

(3) O(0, 0) P(2, −4)

$OP=\sqrt{2^2+(-4)^2}$
　　$=\sqrt{20}$
　　$=\underline{2\sqrt{5}}$ ……(答)

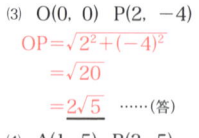

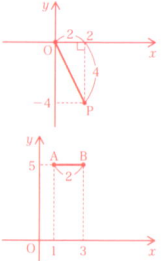

(4) A(1, 5) B(3, 5)

$AB=\sqrt{(3-1)^2+(5-5)^2}$
　　$=\sqrt{2^2+0^2}$
　　$=\sqrt{4}$
　　$=\underline{2}$ ……(答)

21 座標平面上の内分点・外分点

基本練習

2点 $A(-1, -4)$, $B(5, 2)$ を結ぶ線分 AB について，次の点の座標を求めよ。

(1) $2:1$ に内分する点 P

点 P の座標を (x, y) とおくと
$$x = \frac{1 \cdot (-1) + 2 \cdot 5}{2+1} = \frac{9}{3} = 3,$$
$$y = \frac{1 \cdot (-4) + 2 \cdot 2}{2+1} = 0$$

よって，点 P の座標は $(3, 0)$ ……(答)

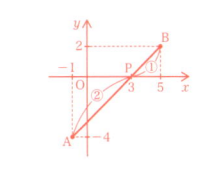

(2) $2:1$ に外分する点 Q

点 Q の座標を (x, y) とおくと
$$x = \frac{-1 \cdot (-1) + 2 \cdot 5}{2-1} = 11,$$
$$y = \frac{-1 \cdot (-4) + 2 \cdot 2}{2-1} = 8$$

よって，点 Q の座標は $(11, 8)$ ……(答)

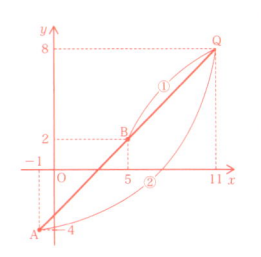

(3) 中点 M

点 M の座標を (x, y) とおくと
$$x = \frac{1 \cdot (-1) + 1 \cdot 5}{1+1} = \frac{4}{2} = 2,$$
$$y = \frac{1 \cdot (-4) + 1 \cdot 2}{1+1} = \frac{-2}{2} = -1$$

よって，点 M の座標は $(2, -1)$ ……(答)

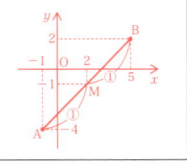

22 座標平面上の三角形の重心

基本練習

3点 $A(-1, 6)$, $B(1, -4)$, $C(3, 7)$ を頂点とする $\triangle ABC$ の重心 G の座標を求めよ。

$\triangle ABC$ の重心の座標を (x, y) とすると
$$x = \frac{-1+1+3}{3} = 1, \quad y = \frac{6-4+7}{3} = 3$$

よって，点 G の座標は $(1, 3)$ ……(答)

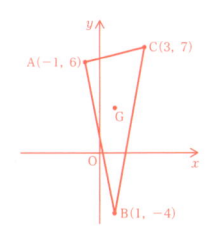

23 直線の方程式を求めよう

基本練習

次の2点 A, B を通る直線の方程式を求めよ。

(1) $A(-1, -2)$, $B(3, 6)$

2点を通る直線の方程式は
$$y - (-2) = \frac{6-(-2)}{3-(-1)} \{x-(-1)\}$$
$$y + 2 = 2(x+1)$$
よって $y = 2x$ ……(答)

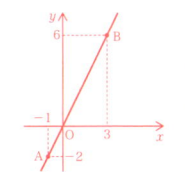

(2) $A(5, -3)$, $B(-1, -3)$

2点を通る直線の方程式は
$$y - (-3) = \frac{-3-(-3)}{-1-5}(x-5)$$
$$y + 3 = 0$$
よって $y = -3$ ……(答)

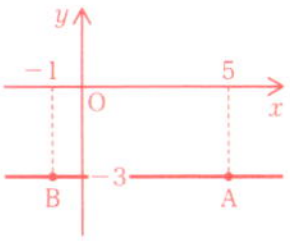

[別解] 2点 $A(5, -3)$, $B(-1, -3)$ の y 座標が -3 で等しいから，この直線は x 軸に平行で
$y = -3$ ……(答)

(3) $A(4, -1)$, $B(4, 5)$

2点の x 座標が 4 で等しいから，この直線は y 軸に平行で
$x = 4$ ……(答)

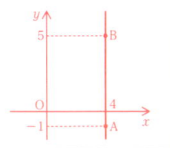

24 2直線の平行・垂直

基本練習

点 $(-1, 2)$ を通り，直線 $3x - y + 2 = 0$ に平行な直線と垂直な直線の方程式をそれぞれ求めよ。

直線 $3x - y + 2 = 0$ すなわち $y = 3x + 2$ の傾きは 3 であるから，この直線と平行な直線の傾きも 3 である。

したがって，点 $(-1, 2)$ を通り，直線 $3x - y + 2 = 0$ に平行な直線の方程式は，
$$y - 2 = 3\{x-(-1)\}$$
$$y - 2 = 3(x+1)$$
よって $y = 3x + 5$ ……(答)

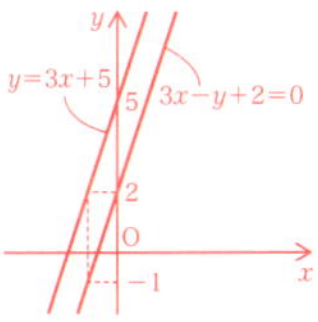

また，直線 $3x - y + 2 = 0$ と垂直な直線の傾きは $-\dfrac{1}{3}$ である。

したがって，点 $(-1, 2)$ を通り，直線 $3x - y + 2 = 0$ に垂直な直線の方程式は
$$y - 2 = -\frac{1}{3}\{x-(-1)\}$$
$$y - 2 = -\frac{1}{3}(x+1)$$
よって $y = -\dfrac{1}{3}x + \dfrac{5}{3}$ ……(答)

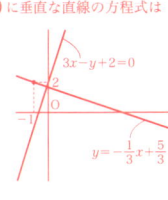

25 点と直線の距離

基本練習

次の点と直線の距離を求めよ。

(1) 原点 O と直線 $2x-y-5=0$ の距離を d とすると
$$d=\frac{|-5|}{\sqrt{2^2+(-1)^2}}=\frac{5}{\sqrt{5}}=\frac{5\sqrt{5}}{5}=\underline{\sqrt{5}} \quad \cdots\cdots(\text{答})$$
（分母の有理化，約分）

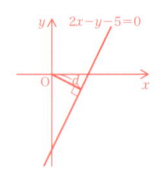

(2) 点 $(3,5)$ と直線 $4x+3y-12=0$ の距離を d とすると
$$d=\frac{|4\cdot 3+3\cdot 5-12|}{\sqrt{4^2+3^2}}=\frac{|15|}{\sqrt{25}}=\frac{15}{5}$$
$$=\underline{3} \quad \cdots\cdots(\text{答})$$

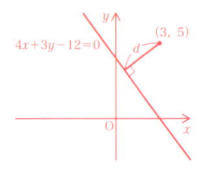

(3) 点 $(-3,1)$ と直線 $y=-2x+5$ すなわち直線 $2x+y-5=0$ の距離を d とすると
$$d=\frac{|2\cdot(-3)+1\cdot 1-5|}{\sqrt{2^2+1^2}}=\frac{|-10|}{\sqrt{5}}$$
$$=\frac{10}{\sqrt{5}}=\frac{10\sqrt{5}}{5}=\underline{2\sqrt{5}} \quad \cdots\cdots(\text{答})$$
（分母の有理化，約分）

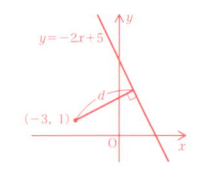

26 円の方程式を求めよう

基本練習

次のような円の方程式を求めよ。

(1) 点 $C(1,-4)$ を中心とし，点 $A(-2,-3)$ を通る円
この円の半径は $AC=\sqrt{(-2-1)^2+(-3+4)^2}$
$=\sqrt{(-3)^2+1^2}=\sqrt{10}$
よって，求める円の方程式は
$$\underline{(x-1)^2+(y+4)^2=10} \quad \cdots\cdots(\text{答})$$

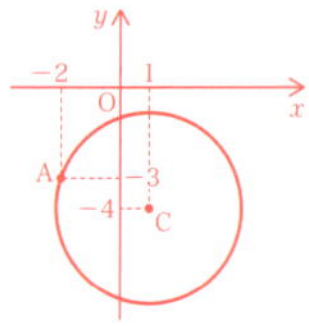

(2) 点 $C(3,-1)$ を中心とし，原点 O を通る円
この円の半径は $OC=\sqrt{3^2+(-1)^2}=\sqrt{10}$
よって，求める円の方程式は
$$\underline{(x-3)^2+(y+1)^2=10} \quad \cdots\cdots(\text{答})$$

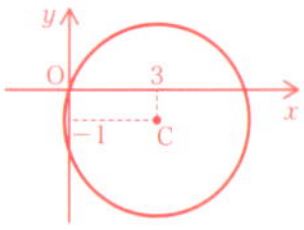

(3) 2点 $A(-1,-2)$, $B(3,2)$ を直径の両端とする円
この円の中心を $C(a,b)$ とする。
点 C は線分 AB の中点であるから
$$a=\frac{-1+3}{2}=1,\ b=\frac{-2+2}{2}=0$$
すなわち，円の中心 C は $(1,0)$
円の半径は，中心 C と点 A との距離であるから
$$\sqrt{(-1-1)^2+(-2-0)^2}=\sqrt{(-2)^2+(-2)^2}=\sqrt{8}=2\sqrt{2}$$
よって，求める円の方程式は
$$\underline{(x-1)^2+y^2=8} \quad \cdots\cdots(\text{答})$$

[別解] 円の半径は，中心 C と点 B との距離，または点 A と点 B との距離（直径の長さ）の半分としてもよい。

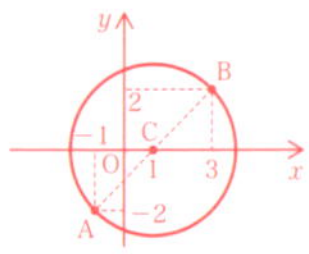

27 $x^2+y^2+\ell x+my+n=0$ の図形

基本練習

次の問いに答えよ。

(1) 方程式 $x^2+y^2+10x-8y+25=0$ はどのような図形を表すか。
$(x^2+10x)+(y^2-8y)=-25$ ← 与式を変形する
$(x^2+10x+25)+(y^2-8y+16)=-25+25+16$ ← x と y の係数の半分の2乗を両辺に加える。
（( )^2 の形をつくる）
よって $(x+5)^2+(y-4)^2=16$
この方程式は，点 $(-5,4)$ を中心とする半径 4 の円を表す。 $\cdots\cdots(\text{答})$

(2) 3点 $A(-3,-2)$, $B(0,1)$, $C(3,0)$ を通る円の方程式を求めよ。
求める方程式を $x^2+y^2+\ell x+my+n=0$ とおく。
この円が点 $A(-3,-2)$ を通るから $9+4-3\ell-2m+n=0$
点 $B(0,1)$ を通るから $1+m+n=0$
点 $C(3,0)$ を通るから $9+3\ell+n=0$ したがって
$$\begin{cases} -3\ell-2m+n=-13 & \cdots\cdots① \\ m+n=-1 & \cdots\cdots② \\ 3\ell+n=-9 & \cdots\cdots③ \end{cases}$$
①+③ より $-2m+2n=-22$
$-m+n=-11 \quad \cdots\cdots④$
②+④ より $2n=-12 \quad n=-6$
② より $m=5$
③ より $\ell=-1$
よって 求める円の方程式は $\underline{x^2+y^2-x+5y-6=0} \quad \cdots\cdots(\text{答})$

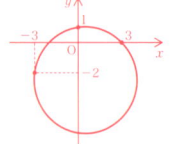

28 円と直線の共有点の個数

基本練習

円 $x^2+y^2=2$ と次の直線の共有点の個数を求めよ。

(1) $y=-x+3$
$\begin{cases} x^2+y^2=2 & \cdots\cdots① \\ y=-x+3 & \cdots\cdots② \end{cases}$
$x^2+(-x+3)^2=2$ ← ②を①に代入する
整理して $2x^2-6x+7=0$ 判別式 D_1
$D_1=(-6)^2-4\cdot 2\cdot 7=-20<0$
よって，円と直線の共有点はない。 $\cdots\cdots(\text{答})$

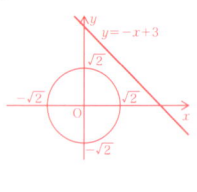

(2) $y=2x-1$
$\begin{cases} x^2+y^2=2 & \cdots\cdots③ \\ y=2x-1 & \cdots\cdots④ \end{cases}$
$x^2+(2x-1)^2=2$ ← ④を③に代入する
整理して $5x^2-4x-1=0$ 判別式 D_2
$D_2=(-4)^2-4\cdot 5\cdot(-1)=36>0$
よって，円と直線の共有点は 2 個 $\cdots\cdots(\text{答})$

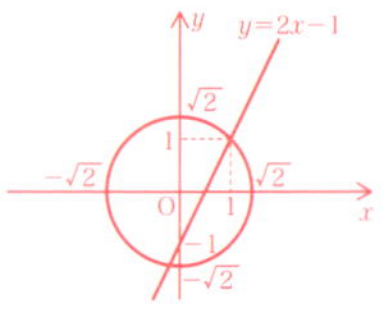

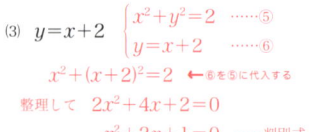

(3) $y=x+2$
$\begin{cases} x^2+y^2=2 & \cdots\cdots⑤ \\ y=x+2 & \cdots\cdots⑥ \end{cases}$
$x^2+(x+2)^2=2$ ← ⑥を⑤に代入する
整理して $2x^2+4x+2=0$
$x^2+2x+1=0$ 判別式 D_3
$D_3=2^2-4\cdot 1\cdot 1=0$
よって，円と直線の共有点は 1 個 $\cdots\cdots(\text{答})$

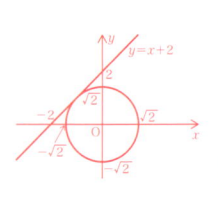

29 円の接線を求めよう

基本練習

点 $(3, 1)$ を通り, 円 $x^2+y^2=5$ に接する直線の方程式を求めよ。

円 $x^2+y^2=5$ 上の接点の座標を $P(x_1, y_1)$ とすると,
接線の方程式は $x_1 x + y_1 y = 5$ ……①
①が点 $(3, 1)$ を通るから
$$3x_1 + y_1 = 5$$
すなわち $y_1 = 5 - 3x_1$ ……②
また, 点 $P(x_1, y_1)$ は円周上の点であるから,
$$x_1^2 + y_1^2 = 5 \quad \cdots\cdots ③$$
②を③に代入すると
$$x_1^2 + (5 - 3x_1)^2 = 5$$
整理して $10x_1^2 - 30x_1 + 20 = 0$
$$x_1^2 - 3x_1 + 2 = 0$$
$$(x_1 - 1)(x_1 - 2) = 0$$
これを解くと $x_1 = 1, 2$
②より $x_1 = 1$ のとき $y_1 = 2$
$x_1 = 2$ のとき $y_1 = -1$
これを①に代入して, 求める接線の方程式は
$$\underline{x + 2y = 5, \ 2x - y = 5} \quad \cdots\cdots(答)$$

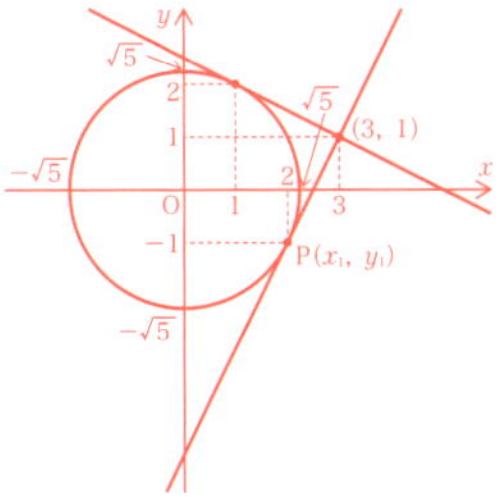

30 軌跡を求めよう

基本練習

2点 $A(-3, 0)$, $B(5, 0)$ からの距離の比が $1 : 3$ である点 P の軌跡を求めよ。

条件を満たす点 P の軌跡を (x, y) とすると
$$AP : BP = 1 : 3 \ \ より \ \ 3AP = BP$$
両辺を平方して $9AP^2 = BP^2$
したがって
$$9\{(x+3)^2 + y^2\} = (x-5)^2 + y^2$$
$$9(x+3)^2 + 9y^2 = x^2 - 10x + 25 + y^2$$
$$9x^2 + 54x + 81 + 9y^2 = x^2 - 10x + 25 + y^2$$
整理すると
$$8x^2 + 8y^2 + 64x + 56 = 0$$
$$x^2 + y^2 + 8x + 7 = 0$$
$$(x^2 + 8x + 16) + y^2 + 7 = 16$$
$$(x+4)^2 + y^2 = 9 \quad \cdots\cdots ①$$
よって, 点 P は①の円上にある。
逆に, ①円上の任意の点 P は $3AP = BP$ を満たす。
以上より, 求める点 P の軌跡は, $\underline{中心 \ (-4, 0), \ 半径 \ 3 \ の円である。}$ ……(答)

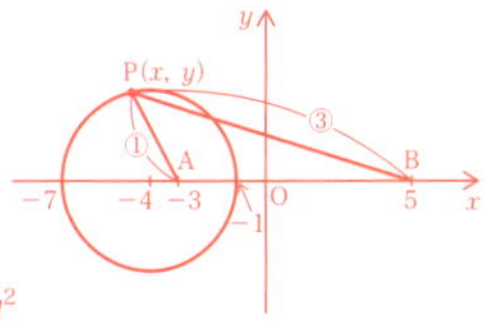

31 不等式の表す領域とは?

基本練習

次の不等式の表す領域を図示せよ。

(1) $2x + 3y - 6 \geqq 0$

$y \geqq -\dfrac{2}{3}x + 2$ の表す領域は
直線 $y = -\dfrac{2}{3}x + 2$ の上側部分である。
したがって, 右図の斜線部分である。
ただし, 境界線を含む。

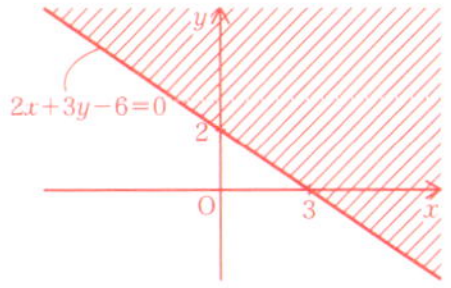

(2) $x^2 + y^2 - 6x + 2y + 1 \leqq 0$

与えられた不等式は $(x-3)^2 + (y+1)^2 \leqq 9$
と変形できる。
したがって不等式 $x^2 + y^2 - 6x + 2y + 1 \leqq 0$ の表す
領域は 円 $(x-3)^2 + (y+1)^2 = 9$ の内部および周で,
右図の斜線部分である。
ただし, 境界線を含む

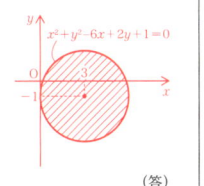

32 連立不等式の表す領域とは?

基本練習

次の不等式の表す領域を図示せよ。

$(x - y + 2)(3x + y - 6) < 0$

与えられた不等式が成り立つことは,

連立不等式 $\begin{cases} x - y + 2 > 0 \\ 3x + y - 6 < 0 \end{cases}$ ……① または $\begin{cases} x - y + 2 < 0 \\ 3x + y - 6 > 0 \end{cases}$ ……②

が成り立つことと同じである。

①の表す領域を A とすると, A は
直線 $x - y + 2 = 0$ の下側で
直線 $3x + y - 6 = 0$ の下側である。

②の表す領域を B とすると, B は
直線 $x - y + 2 = 0$ の上側で
直線 $3x + y - 6 = 0$ の上側である。

求める領域は, A と B を合わせた右の図の斜線部分である。 ……(答)
ただし, 境界線は含まない。

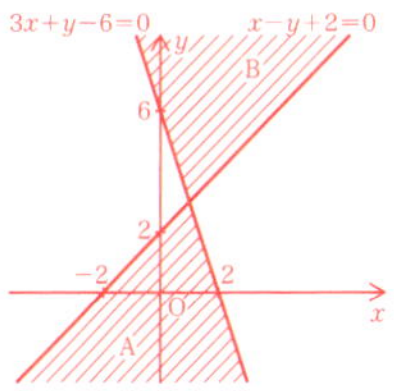

33 一般角を弧度法で表そう

基本練習

次の問いに答えよ。

(1) $270°$, $-225°$ を弧度法で表せ。

$270° = 270 \times \dfrac{\pi}{180} = \dfrac{3}{2}\pi$ ……(答)

$-225° = -225 \times \dfrac{\pi}{180} = -\dfrac{5}{4}\pi$ ……(答)

← $1°$ は $\dfrac{\pi}{180}$ ラジアンより
$x°$ は $\left(x \times \dfrac{\pi}{180}\right)$ ラジアン

(2) 弧度法による角 $\dfrac{5}{4}\pi$, $-\dfrac{7}{6}\pi$ を度数法で表せ。

$\dfrac{5}{4}\pi = \dfrac{5}{4} \times 180° = \underline{225°}$ ……(答)

$-\dfrac{7}{6}\pi = -\dfrac{7}{6} \times 180° = \underline{-210°}$ ……(答)

← π ラジアンは $180°$ であるから, π を $180°$ におきかえる。

34 一般角の三角関数

基本練習

θ が次の値のとき, $\sin\theta$, $\cos\theta$, $\tan\theta$ の値を求めよ。

(1) $\dfrac{5}{3}\pi$

右の図で, $\dfrac{5}{3}\pi$ の動径と原点を中心とする半径 2 の円との交点 P の座標は $(1, -\sqrt{3})$ であるから

$\sin\dfrac{5}{3}\pi = \dfrac{-\sqrt{3}}{2} = -\dfrac{\sqrt{3}}{2}$, $\cos\dfrac{5}{3}\pi = \dfrac{1}{2}$, $\tan\dfrac{5}{3}\pi = \dfrac{-\sqrt{3}}{1} = -\sqrt{3}$

……(答)

(2) $-\dfrac{\pi}{6}$

右の図で, $-\dfrac{\pi}{6}$ の動径と原点を中心とする半径 2 の円との交点 P の座標は $(\sqrt{3}, -1)$ であるから

$\sin\left(-\dfrac{\pi}{6}\right) = \dfrac{-1}{2} = -\dfrac{1}{2}$, $\cos\left(-\dfrac{\pi}{6}\right) = \dfrac{\sqrt{3}}{2}$, $\tan\left(-\dfrac{\pi}{6}\right) = \dfrac{-1}{\sqrt{3}} = -\dfrac{1}{\sqrt{3}}$

……(答)

(3) $\dfrac{9}{4}\pi$

右の図で, $\dfrac{9}{4}\pi$ の動径と原点を中心とする半径 $\sqrt{2}$ の円との交点 P の座標は $(1, 1)$ であるから

$\sin\dfrac{9}{4}\pi = \dfrac{1}{\sqrt{2}}$, $\cos\dfrac{9}{4}\pi = \dfrac{1}{\sqrt{2}}$, $\tan\dfrac{9}{4}\pi = \dfrac{1}{1} = 1$ ……(答)

35 三角関数の相互関係

基本練習

(1) θ が第 4 象限の角で, $\sin\theta = -\dfrac{5}{13}$ のとき, $\cos\theta$, $\tan\theta$ の値を求めよ。

$\sin^2\theta + \cos^2\theta = 1$ に $\sin\theta = -\dfrac{5}{13}$ を代入すると

$\left(-\dfrac{5}{13}\right)^2 + \cos^2\theta = 1$ より $\cos^2\theta = 1 - \dfrac{25}{169} = \dfrac{144}{169}$

θ は第 4 象限の角であるから $\cos\theta > 0$

よって $\cos\theta = \dfrac{12}{13}$, $\tan\theta = \dfrac{\sin\theta}{\cos\theta} = -\dfrac{5}{13} \div \dfrac{12}{13} = -\dfrac{5}{12}$ ……(答)

(2) θ が第 3 象限の角で, $\tan\theta = \dfrac{1}{3}$ のとき, $\sin\theta$, $\cos\theta$ の値を求めよ。

$1 + \tan^2\theta = \dfrac{1}{\cos^2\theta}$ に $\tan\theta = \dfrac{1}{3}$ を代入すると

$\dfrac{1}{\cos^2\theta} = 1 + \left(\dfrac{1}{3}\right)^2 = \dfrac{10}{9}$ より $\cos^2\theta = \dfrac{9}{10}$

θ は第 3 象限の角であるから $\cos\theta < 0$

よって $\cos\theta = -\sqrt{\dfrac{9}{10}} = -\dfrac{3}{\sqrt{10}} = -\dfrac{3\sqrt{10}}{10}$

$\sin\theta = \tan\theta \cdot \cos\theta = \dfrac{1}{3} \times \left(-\dfrac{3\sqrt{10}}{10}\right) = -\dfrac{\sqrt{10}}{10}$ ……(答)

36 三角関数の性質

基本練習

次の三角関数を 0 から $\dfrac{\pi}{2}$ までの三角関数で表すことにより, その値を求めよ。

(1) $\sin\dfrac{14}{3}\pi = \sin\left(\dfrac{2}{3}\pi + 2\pi \times 2\right) = \sin\dfrac{2}{3}\pi$

$= \sin\left(\pi - \dfrac{\pi}{3}\right) = \sin\dfrac{\pi}{3} = \dfrac{\sqrt{3}}{2}$ ……(答)

← $\sin(\theta + 2n\pi) = \sin\theta$ (n は整数)
← $\sin(\pi - \theta) = \sin\theta$

(2) $\cos\left(-\dfrac{2}{3}\pi\right) = \cos\dfrac{2}{3}\pi$

$= \cos\left(\pi - \dfrac{\pi}{3}\right) = -\cos\dfrac{\pi}{3}$

$= -\dfrac{1}{2}$ ……(答)

← $\cos(-\theta) = \cos\theta$
← $\cos(\pi - \theta) = -\cos\theta$

(3) $\tan\dfrac{5}{4}\pi = \tan\left(\dfrac{\pi}{4} + \pi\right) = \tan\dfrac{\pi}{4} = 1$ ……(答)

← $\tan(\theta + \pi) = \tan\theta$

(4) $\cos\dfrac{7}{6}\pi = \cos\left(\dfrac{\pi}{6} + \pi\right) = -\cos\dfrac{\pi}{6}$

$= -\dfrac{\sqrt{3}}{2}$ ……(答)

← $\cos(\theta + \pi) = -\cos\theta$

37 $y=\sin\theta$ と $y=\cos\theta$ のグラフを求めよう

本文ページ → 83

基本練習

$y=\cos\theta$ のグラフをもとにして,$y=2\cos\theta$ のグラフをかけ。また,その周期を求めよ。

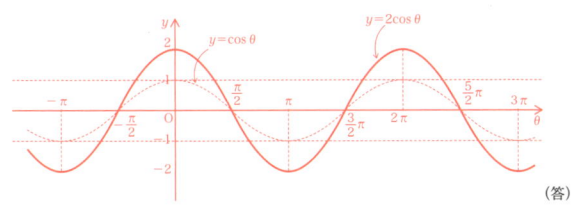

(答)

周期 2π ……(答)

38 いろいろな三角関数のグラフ

本文ページ → 85

基本練習

$y=\cos\theta$ のグラフをもとにして,$y=\cos\left(\theta-\dfrac{\pi}{3}\right)$ のグラフをかけ。また,その周期を求めよ。

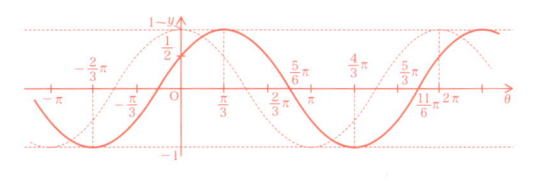

(答)

周期 2π ……(答)

39 三角関数を含む方程式・不等式

本文ページ → 87

基本練習

$0 \leqq \theta < 2\pi$ のとき,次の方程式・不等式を解け。

(1) $\sin\theta = \dfrac{\sqrt{3}}{2}$

右の図のように,単位円の周上で,y 座標が $\dfrac{\sqrt{3}}{2}$ となる点を P,Q とすると,動径 OP,OQ の表す角が,方程式の解となります。よって,$0 \leqq \theta < 2\pi$ の範囲において,求める角 θ の値は

$\theta = \dfrac{\pi}{3},\ \dfrac{2}{3}\pi$ ……(答)

(2) $\cos\theta \geqq -\dfrac{1}{2}$

右の図のように,単位円の周上で,x 座標が $-\dfrac{1}{2}$ となる点を P,Q とすると,$0 \leqq \theta < 2\pi$ の範囲において,$\cos\theta = -\dfrac{1}{2}$ を満たす θ の値は

$\theta = \dfrac{2}{3}\pi,\ \dfrac{4}{3}\pi$

したがって,求める角 θ の動径は,右の図の斜線部分であるから,求める θ の値の範囲は $0 \leqq \theta \leqq \dfrac{2}{3}\pi,\ \dfrac{4}{3}\pi \leqq \theta < 2\pi$ ……(答)

40 三角関数の足し算

本文ページ → 89

基本練習

加法定理を用いて,次の三角関数の値を求めよ。

(1) $\sin 15°$

$15° = 45° - 30°$ として,加法定理を用いると ←$\sin(\alpha-\beta)=\sin\alpha\cos\beta-\cos\alpha\sin\beta$

$\sin 15° = \sin(45° - 30°) = \sin 45°\cos 30° - \cos 45°\sin 30°$

$= \dfrac{\sqrt{2}}{2} \cdot \dfrac{\sqrt{3}}{2} - \dfrac{\sqrt{2}}{2} \cdot \dfrac{1}{2} = \dfrac{\sqrt{6}-\sqrt{2}}{4}$ ……(答)

(2) $\cos 105°$

$105° = 60° + 45°$ として,加法定理を用いると ←$\cos(\alpha+\beta)=\cos\alpha\cos\beta-\sin\alpha\sin\beta$

$\cos 105° = \cos(60° + 45°) = \cos 60°\cos 45° - \sin 60°\sin 45°$

$= \dfrac{1}{2} \cdot \dfrac{\sqrt{2}}{2} - \dfrac{\sqrt{3}}{2} \cdot \dfrac{\sqrt{2}}{2} = \dfrac{-\sqrt{6}-\sqrt{2}}{4}$ ……(答)

(3) $\tan 75°$

$75° = 45° + 30°$ として,加法定理を用いると

$\tan 75° = \tan(45° + 30°) = \dfrac{\tan 45° + \tan 30°}{1 - \tan 45° \cdot \tan 30°}$ ←$\tan(\alpha+\beta)=\dfrac{\tan\alpha+\tan\beta}{1-\tan\alpha\cdot\tan\beta}$

$= \dfrac{1 + \dfrac{1}{\sqrt{3}}}{1 - 1 \cdot \dfrac{1}{\sqrt{3}}} = \dfrac{\sqrt{3}+1}{\sqrt{3}-1} = \dfrac{(\sqrt{3}+1)^2}{(\sqrt{3}-1)(\sqrt{3}+1)}$

$= \dfrac{4+2\sqrt{3}}{2} = 2+\sqrt{3}$ ……(答)

41 2倍角・半角の公式

基本練習

$0 \leqq \theta < 2\pi$ のとき，方程式 $\cos 2\theta - \cos \theta = 0$ を満たす θ の値を求めよ。

$\cos 2\theta = 2\cos^2 \theta - 1$ であるから，
与えられた方程式は
$$(2\cos^2 \theta - 1) - \cos \theta = 0$$
$$2\cos^2 \theta - \cos \theta - 1 = 0$$
$$(2\cos \theta + 1)(\cos \theta - 1) = 0$$
したがって $\cos \theta = -\dfrac{1}{2},\ 1$

$0 \leqq \theta < 2\pi$ において $\cos \theta = -\dfrac{1}{2}$ を満たす θ は
$$\theta = \dfrac{2}{3}\pi,\ \dfrac{4}{3}\pi$$
$\cos \theta = 1$ を満たす θ は
$$\theta = 0$$
よって $\underline{\theta = 0,\ \dfrac{2}{3}\pi,\ \dfrac{4}{3}\pi}$ ……(答)

42 三角関数の合成

基本練習

次の式を $r \sin(\theta + \alpha)$ の形に変形せよ。ただし，$r > 0$ とする。

(1) $\sin \theta + \sqrt{3} \cos \theta$

右の図のように，点 $P(1, \sqrt{3})$ をとると
$r = \sqrt{1^2 + (\sqrt{3})^2} = 2$ であるから，
$$\sin \theta + \sqrt{3} \cos \theta = 2\left(\dfrac{1}{2}\sin \theta + \dfrac{\sqrt{3}}{2}\cos \theta\right)$$
$\cos \alpha = \dfrac{1}{2},\ \sin \alpha = \dfrac{\sqrt{3}}{2}$ を満たす α は $\alpha = \dfrac{\pi}{3}$

よって $\sin \theta + \sqrt{3} \cos \theta = \underline{2 \sin\left(\theta + \dfrac{\pi}{3}\right)}$ ……(答)

← $a \sin \theta + b \cos \theta = \sqrt{a^2 + b^2} \sin(\theta + \alpha)$
ただし，$\cos \alpha = \dfrac{a}{\sqrt{a^2 + b^2}}$, $\sin \alpha = \dfrac{b}{\sqrt{a^2 + b^2}}$

(2) $-\sin \theta + \cos \theta$

右の図のように点 $P(-1, 1)$ をとると
$r = \sqrt{(-1)^2 + 1^2} = \sqrt{2}$ であるから
$$-\sin \theta + \cos \theta = \sqrt{2}\left(-\dfrac{1}{\sqrt{2}}\sin \theta + \dfrac{1}{\sqrt{2}}\cos \theta\right)$$
$\cos \alpha = -\dfrac{1}{\sqrt{2}},\ \sin \alpha = \dfrac{1}{\sqrt{2}}$ を満たす α は $\alpha = \dfrac{3}{4}\pi$

よって $-\sin \theta + \cos \theta = \underline{\sqrt{2} \sin\left(\theta + \dfrac{3}{4}\pi\right)}$ ……(答)

43 整数の指数を計算しよう

基本練習

指数法則を用いて，次の計算をせよ。

(1) $a^3 \times a^{-2} = a^{3+(-2)} = a^1 = \underline{a}$ ……(答)   ← $a^m a^n = a^{m+n}$

(2) $(a^{-3})^{-3} = a^{-3 \times (-3)} = \underline{a^9}$ ……(答)   ← $(a^m)^n = a^{mn}$

(3) $(a^{-3}b^2)^{-3} = (a^{-3})^{-3} \times (b^2)^{-3} = a^{-3 \times (-3)} \times b^{2 \times (-3)}$
$\qquad = a^9 \times b^{-6}$
$\qquad = \underline{\dfrac{a^9}{b^6}}$ ……(答)   ← $(ab)^n = a^n b^n$, $a^{-n} = \dfrac{1}{a^n}$

(4) $4^4 \times 4^{-2} = 4^{4+(-2)} = 4^2 = \underline{16}$ ……(答)

(5) $10^{-2} \div 10^{-3} = 10^{-2-(-3)} = 10^1 = \underline{10}$ ……(答)   ← $a^m \div a^n = a^{m-n}$

(6) $3^3 \times 3^{-4} \div 3^2 = 3^{3+(-4)-2} = 3^{-3} = \dfrac{1}{3^3} = \underline{\dfrac{1}{27}}$ ……(答)

44 累乗根とは？

基本練習

次の式を簡単にせよ。

(1) $\sqrt[5]{4}\sqrt[5]{8} = \sqrt[5]{4 \times 8}$ ← $\sqrt[n]{a}\sqrt[n]{b} = \sqrt[n]{ab}$
$\qquad = \sqrt[5]{32}$
$\qquad = \sqrt[5]{2^5}$
$\qquad = \underline{2}$ ……(答)

(2) $\dfrac{\sqrt[3]{54}}{\sqrt[3]{2}} = \sqrt[3]{\dfrac{54}{2}}$ ← $\dfrac{\sqrt[n]{a}}{\sqrt[n]{b}} = \sqrt[n]{\dfrac{a}{b}}$
$\qquad = \sqrt[3]{27}$
$\qquad = \sqrt[3]{3^3}$
$\qquad = \underline{3}$ ……(答)

(3) $(\sqrt[6]{16})^3 = \sqrt[6]{16^3}$ ← $(\sqrt[n]{a})^m = \sqrt[n]{a^m}$
$\qquad = \sqrt[6]{(4^2)^3}$
$\qquad = \sqrt[6]{4^6}$
$\qquad = \underline{4}$ ……(答)

(4) $\sqrt[5]{\sqrt{1024}} = \sqrt[5 \times 2]{1024}$ ← $\sqrt[m]{\sqrt[n]{a}} = \sqrt[mn]{a}$
$\qquad = \sqrt[10]{1024}$
$\qquad = \sqrt[10]{2^{10}}$
$\qquad = \underline{2}$ ……(答)

45 有理数の指数

基本練習

次の計算をせよ。ただし，$a>0$ とする。

(1) $9^{\frac{5}{3}} \times 3^{-\frac{1}{3}} = (3^2)^{\frac{5}{3}} \times 3^{-\frac{1}{3}}$
$= 3^{\frac{10}{3}} \times 3^{-\frac{1}{3}}$
$= 3^{\frac{10}{3}+\left(-\frac{1}{3}\right)}$
$= 3^3$
$= \underline{27}$ ……（答）

(2) $16^{\frac{1}{3}} \div 4^{\frac{1}{6}} = (4^2)^{\frac{1}{3}} \div 4^{\frac{1}{6}}$
$= 4^{\frac{2}{3}} \div 4^{\frac{1}{6}}$
$= 4^{\frac{2}{3}-\frac{1}{6}}$
$= 4^{\frac{1}{2}}$
$= \sqrt{4}$
$= \underline{2}$ ……（答）

(3) $\sqrt{a^3} \div \sqrt[6]{a} \times \sqrt[3]{a^2}$
$= a^{\frac{3}{2}} \div a^{\frac{1}{6}} \times a^{\frac{2}{3}}$
$= a^{\frac{3}{2}-\frac{1}{6}+\frac{2}{3}}$
$= \underline{a^2}$ ……（答）

46 指数関数のグラフを求めよう

基本練習

同じ座標平面上に，2つの関数 $y=3^x$，$y=\left(\frac{1}{3}\right)^x$ のグラフをかけ。

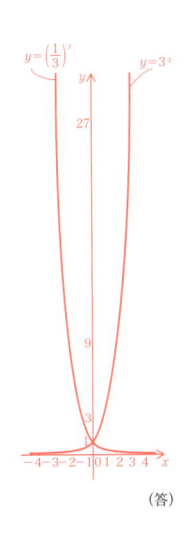

（答）

47 指数関数を含む方程式・不等式

基本練習

次の方程式，不等式を解け。

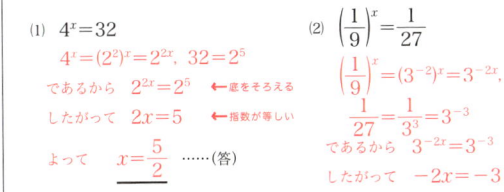

(1) $4^x = 32$
$4^x = (2^2)^x = 2^{2x}$，$32 = 2^5$
であるから $2^{2x} = 2^5$ ←底をそろえる
したがって $2x = 5$ ←指数が等しい
よって $x = \underline{\dfrac{5}{2}}$ ……（答）

(2) $\left(\dfrac{1}{9}\right)^x = \dfrac{1}{27}$
$\left(\dfrac{1}{9}\right)^x = (3^{-2})^x = 3^{-2x}$，
$\dfrac{1}{27} = \dfrac{1}{3^3} = 3^{-3}$
であるから $3^{-2x} = 3^{-3}$
したがって $-2x = -3$
よって $x = \underline{\dfrac{3}{2}}$ ……（答）

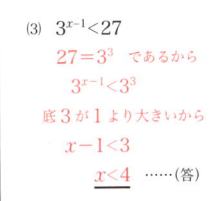

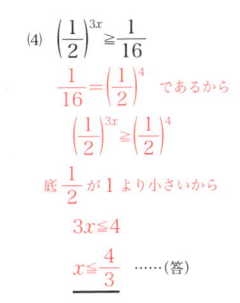

(3) $3^{x-1} < 27$
$27 = 3^3$ であるから
$3^{x-1} < 3^3$
底 3 が 1 より大きいから
$x-1 < 3$
$\underline{x < 4}$ ……（答）

(4) $\left(\dfrac{1}{2}\right)^{3x} \geqq \dfrac{1}{16}$
$\dfrac{1}{16} = \left(\dfrac{1}{2}\right)^4$ であるから
$\left(\dfrac{1}{2}\right)^{3x} \geqq \left(\dfrac{1}{2}\right)^4$
底 $\dfrac{1}{2}$ が 1 より小さいから
$3x \leqq 4$
$\underline{x \leqq \dfrac{4}{3}}$ ……（答）

48 対数とは？

基本練習

1．次の式を $P = \log_a M$ の形で表せ。

(1) $16 = 4^2$ であるから $\underline{2 = \log_4 16}$ ……（答） ← $M = a^P \Leftrightarrow P = \log_a M$

(2) $\dfrac{1}{27} = 3^{-3}$ であるから $\underline{-3 = \log_3 \dfrac{1}{27}}$ ……（答）

2．次の値を求めよ。

(1) $\log_5 25$
$25 = 5^2$ であるから $\log_5 25 = \log_5 5^2 = \underline{2}$ ……（答） ← $\log_a a^P = P$

(2) $\log_7 \sqrt{7}$
$\sqrt{7} = 7^{\frac{1}{2}}$ であるから $\log_7 \sqrt{7} = \log_7 7^{\frac{1}{2}} = \underline{\dfrac{1}{2}}$ ……（答）

49 対数の性質

基本練習

次の計算をせよ。

(1) $\log_3 12 + \log_3 36 - 2\log_3 4 = \log_3(12 \times 36) - \log_3 4^2$
$\qquad\qquad\qquad\qquad\qquad\quad = \log_3 \dfrac{12 \times 36}{16}$
$\qquad\qquad\qquad\qquad\qquad\quad = \log_3 27$
$\qquad\qquad\qquad\qquad\qquad\quad = \log_3 3^3$
$\qquad\qquad\qquad\qquad\qquad\quad = \underline{3}$ ……(答)

(2) $\log_2 3 \times \log_3 8 = \log_2 3 \times \dfrac{\log_2 8}{\log_2 3} = \log_2 2^3 = \underline{3}$ ……(答)

(3) $\log_3 18 - \log_9 4 = \log_3 18 - \dfrac{\log_3 4}{\log_3 9} = \log_3 18 - \dfrac{\log_3 2^2}{\log_3 3^2}$
$\qquad\qquad\qquad\quad = \log_3 18 - \dfrac{2\log_3 2}{2} = \log_3 18 - \log_3 2$
$\qquad\qquad\qquad\quad = \log_3 \dfrac{18}{2} = \log_3 9 = \log_3 3^2 = \underline{2}$ ……(答)

50 対数関数のグラフ

基本練習

関数 $y=3^x$ のグラフをもとにして，関数 $y=\log_3 x$ のグラフをかけ。

$y=\log_3 x$ のグラフは $y=3^x$ のグラフと直線 $y=x$ に関して対称である。

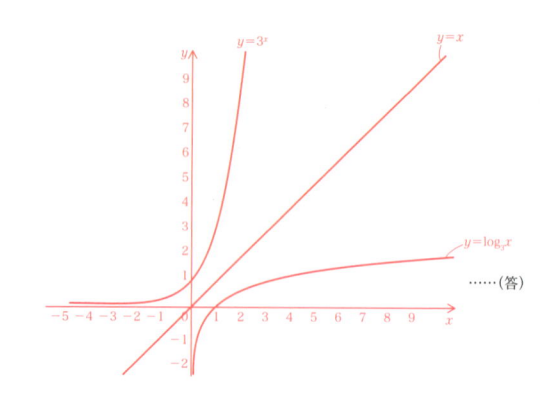

……(答)

51 対数関数を含む方程式・不等式

基本練習

次の方程式，不等式を解け。

(1) $\log_2 x = 4$
 対数の定義から $x = 2^4 = \underline{16}$ ……(答) $\quad\leftarrow M=a^p \Leftrightarrow p = \log_a M$

(2) $\log_{\frac{1}{2}} x = 3$
 対数の定義から $x = \left(\dfrac{1}{2}\right)^3 = \underline{\dfrac{1}{8}}$ ……(答)

(3) $\log_2 x \geqq -1$
 真数は正であるから，$x>0$ ……①
 $-1 = \log_2 2^{-1}$ より $\log_2 x \geqq \log_2 2^{-1}$ したがって $\log_2 x \geqq \log_2 \dfrac{1}{2}$
 底は 1 より大きいから $x \geqq \dfrac{1}{2}$ ……②
 ①，②の共通範囲を求めて $\underline{x \geqq \dfrac{1}{2}}$ ……(答)

(4) $\log_{\frac{1}{2}} x > 4$
 真数は正であるから，$x>0$ ……①
 $4 = \log_{\frac{1}{2}}\left(\dfrac{1}{2}\right)^4$ より $\log_{\frac{1}{2}} x > \log_{\frac{1}{2}}\left(\dfrac{1}{2}\right)^4$
 したがって $\log_{\frac{1}{2}} x > \log_{\frac{1}{2}} \dfrac{1}{16}$
 底は 1 より小さいから $x < \dfrac{1}{16}$ ……②
 ①，②の共通範囲を求めて $\underline{0 < x < \dfrac{1}{16}}$ ……(答)

52 常用対数とは？

基本練習

$\log_{10} 2 = 0.3010$, $\log_{10} 3 = 0.4771$ とする．次の値を求めよ．

(1) $\log_{10} 24 = \log_{10}(2^3 \times 3) = \log_{10} 2^3 + \log_{10} 3 \quad\leftarrow \log_a MN = \log_a M + \log_a N$
$\qquad\qquad = 3\log_{10} 2 + \log_{10} 3 = 3 \times 0.3010 + 0.4771$
$\qquad\qquad = \underline{1.3801}$ ……(答)

(2) $\log_3 4 = \dfrac{\log_{10} 4}{\log_{10} 3} = \dfrac{\log_{10} 2^2}{\log_{10} 3} = \dfrac{2\log_{10} 2}{\log_{10} 3}$
$\qquad\quad = \dfrac{2 \times 0.3010}{0.4771} = \underline{1.2618}$ ……(答) $\quad\leftarrow$ 小数第 5 位を四捨五入

(3) 3^{20} は何桁の数か．
 3^{20} の常用対数をとると
 $\log_{10} 3^{20} = 20\log_{10} 3$
 $\qquad\qquad = 20 \times 0.4771$
 $\qquad\qquad = 9.542$
 したがって $9 < \log_{10} 3^{20} < 10$
 $\log_{10} 10^9 < \log_{10} 3^{20} < \log_{10} 10^{10}$ であるから
 $10^9 < 3^{20} < 10^{10}$
 よって $\underline{3^{20} \text{ は } 10 \text{ 桁の数である．}}$ ……(答)

53 平均変化率と微分係数を求めよう

基本練習

関数 $f(x)=3x^2$ について，次の微分係数を求めよ。

(1) $f'(2)$

$x=2$ における微分係数は

$$f'(2)=\lim_{h\to 0}\frac{f(2+h)-f(2)}{h}$$
$$=\lim_{h\to 0}\frac{3(2+h)^2-3\cdot 2^2}{h}$$
$$=\lim_{h\to 0}\frac{3h^2+12h}{h}$$
$$=\lim_{h\to 0}(3h+12)$$
$$=\underline{12} \quad \cdots\cdots(答)$$

(2) $f'(a)$

$x=a$ における微分係数は

$$f'(a)=\lim_{h\to 0}\frac{f(a+h)-f(a)}{h}$$
$$=\lim_{h\to 0}\frac{3(a+h)^2-3\cdot a^2}{h}$$
$$=\lim_{h\to 0}\frac{3h^2+6ah}{h}$$
$$=\lim_{h\to 0}(3h+6a)$$
$$=\underline{6a} \quad \cdots\cdots(答)$$

54 導関数とは？

基本練習

導関数の定義にしたがって，次の関数を微分せよ。

(1) $f(x)=2x^2-x$

$$f'(x)=\lim_{h\to 0}\frac{f(x+h)-f(x)}{h}$$
$$=\lim_{h\to 0}\frac{\{2(x+h)^2-(x+h)\}-(2x^2-x)}{h}$$
$$=\lim_{h\to 0}\frac{(2x^2+4xh+2h^2-x-h)-(2x^2-x)}{h}$$
$$=\lim_{h\to 0}\frac{4xh-h+2h^2}{h}$$
$$=\lim_{h\to 0}(4x-1+2h)$$
$$=\underline{4x-1} \quad \cdots\cdots(答)$$

(2) $f(x)=x^3+1$

$$f'(x)=\lim_{h\to 0}\frac{f(x+h)-f(x)}{h}$$
$$=\lim_{h\to 0}\frac{\{(x+h)^3+1\}-(x^3+1)}{h}$$
$$=\lim_{h\to 0}\frac{(x^3+3x^2h+3xh^2+h^3+1)-(x^3+1)}{h}$$
$$=\lim_{h\to 0}\frac{3x^2h+3xh^2+h^3}{h}$$
$$=\lim_{h\to 0}(3x^2+3xh+h^2)$$
$$=\underline{3x^2} \quad \cdots\cdots(答)$$

55 導関数を計算しよう

基本練習

次の関数を微分せよ。

(1) $y=3x^2-4x+5$ を微分すると

$$y'=(3x^2-4x+5)'$$
$$=(3x^2)'-(4x)'+(5)'$$
$$=3(x^2)'-4(x)'+(5)'$$
$$=\underline{6x-4} \quad \cdots\cdots(答)$$

(2) $y=(x-2)(2x^2+1)=2x^3-4x^2+x-2$ を微分すると

$$y'=\{(x-2)(2x^2+1)\}'$$
$$=(2x^3-4x^2+x-2)'$$
$$=(2x^3)'-(4x^2)'+(x)'-(2)'$$
$$=2(x^3)'-4(x^2)'+(x)'-(2)'$$
$$=\underline{6x^2-8x+1} \quad \cdots\cdots(答)$$

56 接線の方程式

基本練習

$f(x)=x^2-x+3$ のとき，次の接線の方程式を求めよ。

(1) 点 $(1, 3)$ における接線

$f(x)=x^2-x+3$ より $f'(x)=2x-1$

であるから，点 $(1, 3)$ における接線の傾きは $f'(1)=1$

したがって，求める接線は点 $(1, 3)$ を通り，傾き 1 の直線である。

よって，接線の方程式は $y-3=1\cdot(x-1)$

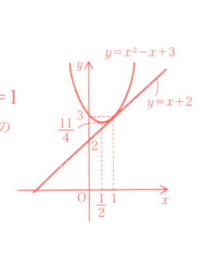

すなわち $\underline{y=x+2} \quad \cdots\cdots(答)$

(2) 傾きが 5 である接線

接点の座標を $P(a, f(a))$ とすると

傾きが 5 であるから

$f'(a)=2a-1=5$ より $a=3$

したがって $f(3)=9$

よって，求める接線の方程式は

$y-9=5(x-3)$

すなわち $\underline{y=5x-6} \quad \cdots\cdots(答)$

57 関数の増加と減少を求めよう

基本練習

関数 $f(x)=x^3+3x^2-3$ の値の増加・減少を調べよ。

$f(x)=x^3+3x^2-3$
$f'(x)=3x^2+6x$
$\quad =3x(x+2)$
$f'(x)=0$ とすると $x=-2, 0$
したがって，増減表は右のようになる。
よって，$f(x)$ の値は
$\underline{x \leqq -2, 0 \leqq x \text{ のとき増加し,}}$
$\underline{-2 \leqq x \leqq 0 \text{ のとき減少する。}}$ ……(答)

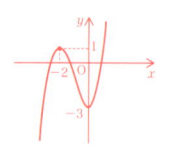

x	…	-2	…	0	…
$f'(x)$	$+$	0	$-$	0	$+$
$f(x)$	↗	1	↘	-3	↗

58 関数の極大と極小を求めよう

基本練習

次の関数の極値を求め，そのグラフをかけ。

$y=x^3-3x^2+2$
$y'=3x^2-6x$
$\quad =3x(x-2)$
$y'=0$ とすると $x=0, 2$
y の増減表は次のようになる。

x	…	0	…	2	…
$f'(x)$	$+$	0	$-$	0	$+$
$f(x)$	↗	極大 2	↘	極小 -2	↗

よって，この関数は，
$\quad x=0$ のとき極大で，$\underline{\text{極大値 } 2}$
$\quad x=2$ のとき極小で，$\underline{\text{極小値 } -2}$ ……(答)
をとる。
また，この関数のグラフは右の図のようになる。

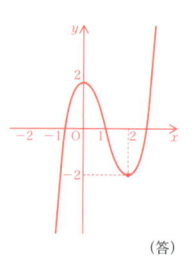

59 関数の最大と最小を求めよう

基本練習

関数 $y=2x^3+3x^2-12x+1$ の区間 $-4 \leqq x \leqq 2$ における最大値と最小値を求めよ。

$y=2x^3+3x^2-12x+1$ より
$y'=6x^2+6x-12$
$\quad =6(x^2+x-2)$
$\quad =6(x+2)(x-1)$
$y'=0$ を解くと $x=-2, 1$
区間 $-4 \leqq x \leqq 2$ における y の増減表は上のようになる。
グラフは，右の図の実線部分となるから
y は　$x=-2$ のとき　最大値 21
　　　$x=-4$ のとき　最小値 -31 ……(答)

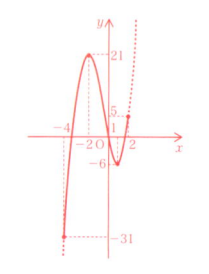

x	-4	…	-2	…	1	…	2
y'		$+$	0	$-$	0	$+$	
y	-31	↗	21	↘	-6	↗	5

60 方程式・不等式への応用

基本練習

次の各問いに答えよ。

(1) 3次方程式 $x^3+3x^2-9x=0$ の異なる実数解の個数を調べよ。

$y=x^3+3x^2-9x$ とおくと
$y'=3x^2+6x-9=3(x^2+2x-3)$
$\quad =3(x+3)(x-1)$
$y'=0$ を解くと $x=-3, 1$
したがって，y の増減表は右のようになる。
この関数は x 軸と 3 点で交わる（右図）。 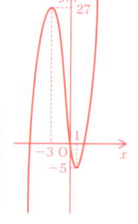
よって，方程式 $x^3+3x^2-9x=0$ の異なる実数解の個数は 3 個である。 ……(答)

x	…	-3	…	1	…
y'	$+$	0	$-$	0	$+$
y	↗	極大 27	↘	極小 -5	↗

(2) $x \geqq 0$ のとき，$2x^3 \geqq 3x^2-1$ が成り立つことを証明せよ。

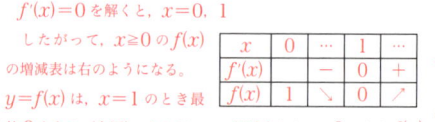

$f(x)=2x^3-(3x^2-1)$ ←(左辺)-(右辺)を$f(x)$とおく
すなわち $f(x)=2x^3-3x^2+1$ とおくと
$f'(x)=6x^2-6x=6x(x-1)$
$f'(x)=0$ を解くと，$x=0, 1$
したがって，$x \geqq 0$ の $f(x)$ の増減表は右のようになる。
$y=f(x)$ は，$x=1$ のとき最小値 0 をとる（右図）。したがって，増減表から $x \geqq 0$ のとき $f(x) \geqq 0$ となる。 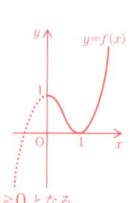
よって，$x \geqq 0$ のとき　$2x^3 \geqq 3x^2-1$ ……証明終

x	0	…	1	…
$f'(x)$		$-$	0	$+$
$f(x)$	1	↘	0	↗

61 不定積分を求めよう （本文ページ → 135）

基本練習

C を積分定数として，次の不定積分を求めよ。

(1) $\int 4x^2 dx = 4\int x^2 dx = 4 \times \dfrac{1}{3}x^3 + C = \underline{\dfrac{4}{3}x^3 + C}$ ……(答)

(2) $\int (5x^2+4)dx = 5\int x^2 dx + 4\int dx = 5\times \dfrac{1}{3}x^3 + 4x + C$
$= \underline{\dfrac{5}{3}x^3 + 4x + C}$ ……(答)

(3) $\int (3x^2-2x+5)dx = 3\int x^2 dx - 2\int x dx + 5\int dx$
$= 3\times \dfrac{1}{3}x^3 - 2\times \dfrac{1}{2}x^2 + 5\times x + C$
$= \underline{x^3 - x^2 + 5x + C}$ ……(答)

(4) $\int (x-2)(2x+3)dx = \int (2x^2 - x - 6)dx$
$= 2\int x^2 dx - \int x dx - 6\int dx$
$= 2\times \dfrac{1}{3}x^3 - \dfrac{1}{2}x^2 - 6\times x + C$
$= \underline{\dfrac{2}{3}x^3 - \dfrac{1}{2}x^2 - 6x + C}$ ……(答)

62 定積分の計算をしよう （本文ページ → 137）

基本練習

次の定積分を求めよ。

(1) $\int_{-1}^{1}(2x^2+x)dx - \int_{-1}^{1}(x^2-x)dx = \int_{-1}^{1}\{(2x^2+x)-(x^2-x)\}dx$
$= \int_{-1}^{1}(x^2+2x)dx$
$= \left[\dfrac{1}{3}x^3 + x^2\right]_{-1}^{1}$
$= \left(\dfrac{1}{3}+1\right) - \left(-\dfrac{1}{3}+1\right)$
$= \underline{\dfrac{2}{3}}$ ……(答)

(2) $\int_{-2}^{1}(x^2-1)dx + \int_{1}^{3}(x^2-1)dx = \int_{-2}^{3}(x^2-1)dx$
$= \left[\dfrac{1}{3}x^3 - x\right]_{-2}^{3}$
$= \left(\dfrac{1}{3}\cdot 3^3 - 3\right) - \left(\dfrac{1}{3}\cdot (-2)^3 - (-2)\right)$
$= 9 - 3 - \left(-\dfrac{8}{3}+2\right)$
$= \underline{\dfrac{20}{3}}$ ……(答)

63 微分と定積分 （本文ページ → 139）

基本練習

次の等式を満たす関数 $f(x)$ と定数 a の値を求めよ。

$\int_{-1}^{x} f(t)dt = x^2 + 2x + a$ ……① の両辺を x について微分すると

$\dfrac{d}{dx}\int_{-1}^{x} f(t)dt = \dfrac{d}{dx}(x^2+2x+a)$ ← $\dfrac{d}{dx}\int f(t)dt = f(x)$

よって，$\underline{f(x)=2x+2}$ ……(答)

また，①に $x=-1$ を代入すると
 (左辺)$= \int_{-1}^{-1}f(t)dt = 0$ ← $\int_{a}^{a}f(t)dt = 0$
 (右辺)$= (-1)^2 + 2\cdot(-1) + a = -1 + a$ であるから $0 = -1 + a$
これを解いて，$\underline{a=1}$ ……(答)

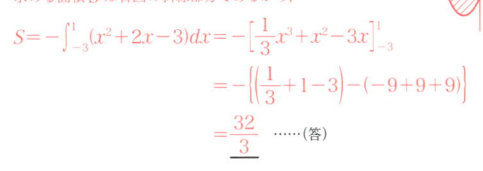

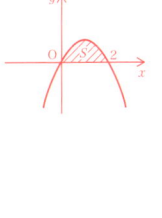

64 曲線とx軸に囲まれた部分の面積 （本文ページ → 141）

基本練習

次の曲線と x 軸で囲まれた部分の面積 S を求めよ。

(1) $y=-x^2+2x$ と x 軸との交点の x 座標は
 $-x^2+2x=0$
 $x(x-2)=0$
したがって $x=0, 2$
求める面積 S は右図の斜線部分であるから

$S = \int_{0}^{2}(-x^2+2x)dx = \left[-\dfrac{1}{3}x^3 + x^2\right]_{0}^{2}$
$= -\dfrac{8}{3} + 4 = \underline{\dfrac{4}{3}}$ ……(答)

(2) $y=x^2+2x-3$ と x 軸との交点の x 座標は
 $x^2+2x-3=0$
 $(x+3)(x-1)=0$
したがって $x=-3, 1$
求める面積 S は右図の斜線部分であるから，

$S = -\int_{-3}^{1}(x^2+2x-3)dx = -\left[\dfrac{1}{3}x^3 + x^2 - 3x\right]_{-3}^{1}$
$= -\left\{\left(\dfrac{1}{3}+1-3\right) - (-9+9+9)\right\}$
$= \underline{\dfrac{32}{3}}$ ……(答)

65 2つの曲線に囲まれた部分の面積

基本練習

2つの放物線 $y=x^2$, $y=-x^2+4x$ で囲まれた部分の面積を求めよ。

$\begin{cases} y=x^2 & \cdots\cdots ① \\ y=-x^2+4x & \cdots\cdots ② \end{cases}$

放物線①と放物線②の交点の x 座標は
$x^2=-x^2+4x$
より $2x^2-4x=0$
$x^2-2x=0$
$x(x-2)=0$
したがって,$x=0$,2
①,②のグラフの位置関係は右図のようになり,求める面積 S は右図の斜線部分である。
よって,
$$S=\int_0^2 \{(-x^2+4x)-x^2\}dx$$
$$=\int_0^2 (-2x^2+4x)dx$$
$$=\left[-\frac{2}{3}x^3+2x^2\right]_0^2$$
$$=-\frac{16}{3}+8$$
$$=\frac{8}{3} \quad \cdots\cdots（答）$$

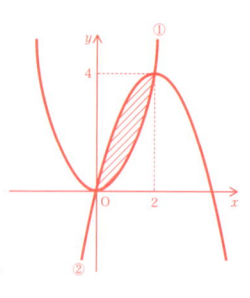

センター試験にチャレンジ　1章 いろいろな式

本文ページ → 40〜41

1

a, b, cは定数で，$a>0$とする。関数 $f(x)=ax^2+bx+c$ が $f(1)=4$, $f(2)=9$ を満たすとき $b=\boxed{アイ}a+\boxed{ウ}$, $c=\boxed{エ}a-\boxed{オ}$ となる。
　このとき，方程式 $ax^2+bx+c=0$ が異なる二つの実数解をもつようなaの値の範囲は
$$0<a<\boxed{カ}, \boxed{キク}<a$$ である。
　とくに，$a=\dfrac{1}{3}$のとき $ax^2+bx+c=0$ の解は $x=\boxed{ケコ}\pm\sqrt{\boxed{サシ}}$ である。

（センター試験本試）

解説

$f(1)=4$より $a\cdot 1^2+b\cdot 1+c=4$
したがって $a+b+c=4$ ……①
また，$f(2)=9$ より $a\cdot 2^2+b\cdot 2+c=9$
したがって $4a+2b+c=9$ ……②
①−②から $-3a-b=-5$ 　よって $b=-3a+5$
①×2−②から $-2a+c=-1$ 　よって $c=2a-1$
$a\neq 0$より，2次方程式 $ax^2+bx+c=0$ の判別式をDとする。
この2次方程式が異なる2つの実数解をもつとき
　　$D=b^2-4ac=(-3a+5)^2-4\cdot a\cdot (2a-1)=a^2-26a+25>0$
すなわち $(a-1)(a-25)>0$ 　したがって $a<1$, $25<a$
$a>0$であるから $0<a<1$, $25<a$
ここで，$a=\dfrac{1}{3}$のとき，$b=4$, $c=-\dfrac{1}{3}$ であるから，
方程式は $\dfrac{1}{3}x^2+4x-\dfrac{1}{3}=0$
すなわち $x^2+12x-1=0$ 　よって $x=-6\pm\sqrt{37}$

$\boxed{アイ}=-3$ 　$\boxed{ウ}=5$ 　$\boxed{エ}=2$ 　$\boxed{オ}=1$ 　$\boxed{カ}=1$ 　$\boxed{キク}=25$
$\boxed{ケコ}=-6$ 　$\boxed{サシ}=37$

2

実数aについて，xの2次方程式 $x^2-(a-1)x+4=0$ が虚数解をもつ条件は，
$\boxed{アイ}<a<\boxed{ウ}$ である。
$a=\sqrt{5}$のときの方程式 $x^2-(\sqrt{5}-1)x+4=0$ …①
の解をα, βとすると
$\alpha^2+\beta^2=\boxed{エオ}\sqrt{\boxed{カ}}-\boxed{キ}$, $\alpha^2\beta^2=\boxed{クケ}$ である。

（センター試験追試・改）

解説

xの2次方程式 $x^2-(a-1)x+4=0$ の判別式をDとする。
この2次方程式が虚数解をもつ条件は $D<0$ であるから
　　$D=\{-(a-1)\}^2-4\cdot 1\cdot 4=a^2-2a-15=(a+3)(a-5)<0$
したがって $-3<a<5$
$a=\sqrt{5}$ のときの方程式①の解α, βについて，解と係数の関係より
　　$\alpha+\beta=\sqrt{5}-1$, $\alpha\beta=4$
よって，$\alpha^2+\beta^2=(\alpha+\beta)^2-2\alpha\beta=(\sqrt{5}-1)^2-2\cdot 4$
　　　　　　　$=-2\sqrt{5}-2$ 　$\alpha^2\beta^2=(\alpha\beta)^2=4^2=16$

$\boxed{アイ}=-3$ 　$\boxed{ウ}=5$ 　$\boxed{エオ}=-2$ 　$\boxed{カ}=5$ 　$\boxed{キ}=2$ 　$\boxed{クケ}=16$

3

aを実数とし，xの整式A, Bを
　　$A=x^3+5x^2+a^2x+a^2-6a+20$
　　$B=x^3+(a^2+5)x+a^2-6a+30$
とする。このとき $A-B=5(x+\boxed{ア})(x-\boxed{イ})$ である。

(1) $P=x+\boxed{ア}$ とし，AがPで割り切れるとする。
このとき $a=\boxed{ウ}$, $A=(x^2+4x+\boxed{エオ})P$ である。
さらに $B=(x^2-x+\boxed{カキ})P$ であり，A, BはともにPで割り切れる。

(2) $Q=x-\boxed{イ}$ とすると，AをQで割った余りRは $R=\boxed{ク}(a-1)^2+45$ となる。
よって，どんなaについても余りRは正となり，AはQで割り切れない。

（センター試験本試）

解説

$A=x^3+5x^2+a^2x+a^2-6a+20$, $B=x^3+(a^2+5)x+a^2-6a+30$
から
$A-B=5x^2-5x-10$
　　$=5(x^2-x-2)$
　　$=5(x+1)(x-2)$ ……①

(1)
$$\begin{array}{r}x^2+4x+a^2-4\\x+1\,\overline{\smash{)}\,x^3+5x^2+a^2x+a^2-6a+20}\\\underline{x^3+x^2}\\4x^2+a^2x\\\underline{4x^2+4x}\\(a^2-4)x+a^2-6a+20\\\underline{(a^2-4)x+a^2-4}\\-6a+24\end{array}$$

AがPで割り切れるから，余りについて $-6a+24=0$ 　よって$a=4$
このとき，$x^2+4x+a^2-4=x^2+4x+12$ であるから
$A=(x^2+4x+12)P$ である。
また，①より $B=A-5(x+1)(x-2)$
　　　　　　　$=(x^2+4x+12)P-5(x-2)P$
　　　　　　　$=\{(x^2+4x+12)-5(x-2)\}P$
　　　　　　　$=(x^2-x+22)P$

(2)
$$\begin{array}{r}x^2+7x+a^2+14\\x-2\,\overline{\smash{)}\,x^3+5x^2+a^2x+a^2-6a+20}\\\underline{x^3-2x^2}\\7x^2+a^2x\\\underline{7x^2-14x}\\(a^2+14)x+a^2-6a+20\\\underline{(a^2+14)x-2a^2-28}\\3a^2-6a+48\end{array}$$

余りRについて $R=3a^2-6a+48=3(a^2-2a)+48=3(a-1)^2+45$
となる。

$\boxed{ア}=1$ 　$\boxed{イ}=2$ 　$\boxed{ウ}=4$ 　$\boxed{エオ}=12$ 　$\boxed{カキ}=22$ 　$\boxed{ク}=3$

センター試験にチャレンジ

本文ページ → 72〜73

2章 図形と方程式

1
座標平面上の3点A(1, 1), B(3, −1), C(7, 3)を通る円をSとし，その中心をDとする。
直線ABの傾きは[アイ]であり，直線BCの傾きは[ウ]であるから，∠ABCは[エオ]°に等しい。
したがって，Sの中心Dの座標は([カ], [キ])，半径は$\sqrt{[クケ]}$であり，
Sの方程式は $(x-[カ])^2+(y-[キ])^2=[クケ]$ となる。

(センター試験追試・改)

解説

直線ABの傾きは $\dfrac{-1-1}{3-1}=-1$

直線BCの傾きは $\dfrac{3-(-1)}{7-3}=1$

(傾き)×(傾き)＝(−1)×1＝−1 より 直線ABと直線BCは直交するから
∠ABC＝90°

よって，線分ACは円の直径であるから，中点Dは線分ACの中点である。

その座標は $\left(\dfrac{1+7}{2}, \dfrac{1+3}{2}\right)$ D(4, 2)

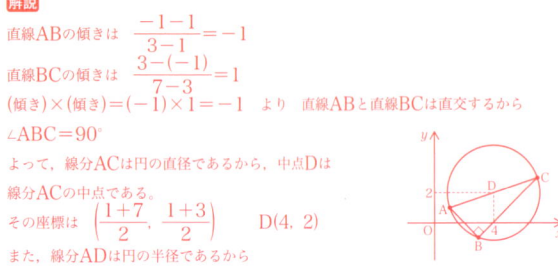

また，線分ADは円の半径であるから
$\sqrt{(4-1)^2+(2-1)^2}=\sqrt{10}$

したがって，Sの方程式は $(x-4)^2+(y-2)^2=10$

| アイ | =−1 | ウ | =1 | エオ | =90 | カ | =4 | キ | =2 | クケ | =10 |

2
座標平面上の2点O(0, 0), A(4, 3)に対して OP：AP＝2：3 を満たす点Pの軌跡をCとする。
C上の点Pの座標を(x, y)とすると $AP^2=(x-[ア])^2+(y-[イ])^2$ である。
また [ウ]$OP^2=$[エ]AP^2（ただし[ウ]$\ne 0$）より
x, yの関係式
$x^2+y^2+\dfrac{[オカ]}{[キ]}x+\dfrac{[クケ]}{[コ]}y-[サシ]=0$ を満たす。
したがって，Cは点Q$\left(\dfrac{[スセソ]}{[タ]}, \dfrac{[チツテ]}{[ト]}\right)$を中心とする半径[ナ]の円である。

(センター試験本試・改)

解説

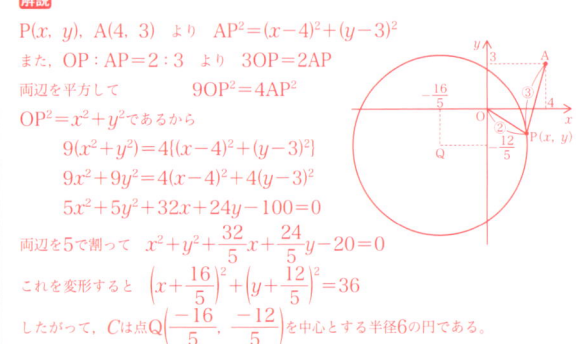

P(x, y), A(4, 3) より $AP^2=(x-4)^2+(y-3)^2$
また，OP：AP＝2：3 より 3OP＝2AP
両辺を平方して $9OP^2=4AP^2$
$OP^2=x^2+y^2$であるから
$9(x^2+y^2)=4\{(x-4)^2+(y-3)^2\}$
$9x^2+9y^2=4(x-4)^2+4(y-3)^2$
$5x^2+5y^2+32x+24y-100=0$
両辺を5で割って $x^2+y^2+\dfrac{32}{5}x+\dfrac{24}{5}y-20=0$

これを変形すると $\left(x+\dfrac{16}{5}\right)^2+\left(y+\dfrac{12}{5}\right)^2=36$

したがって，Cは点Q$\left(-\dfrac{16}{5}, -\dfrac{12}{5}\right)$を中心とする半径6の円である。

ア	=4	イ	=3	ウ	=9	エ	=4	オカ	=32	キ	=5	クケ	=24
コ	=5	サシ	=20	スセソ	=−16	タ	=5	チツテ	=−12
ト	=5	ナ	=6

3
Oを原点とする座標平面上に点A(4, 2)をとり，2点O, Aからの距離の比が$\sqrt{3}$：1である点の軌跡をCとする。点PがC上を動くとき，三角形OAPの面積の最大値を求めよう。
PがC上にあるとき $OP^2=$[ア]AP^2 であるから
Cは $(x-[イ])^2+(y-[ウ])^2=[エオ]$ ……① である。
Pが円C上を動くとき，OAを底辺とする三角形OAPの高さの最大値は$\sqrt{[カキ]}$であるから，
三角形OAPの面積の最大値は [ク]$\sqrt{[ケ]}$ である。
また，そのときの点Pの座標は
([コ]$+\sqrt{[サ]}$, [シ]$-$[ス]$\sqrt{[セ]}$) または
([コ]$-\sqrt{[サ]}$, [シ]$+$[ス]$\sqrt{[セ]}$) である。

(センター試験追試・改)

解説

点Pの座標を(x, y)とする。
OP：AP＝$\sqrt{3}$：1 より OP＝$\sqrt{3}$AP
両辺を平方して $OP^2=3AP^2$ 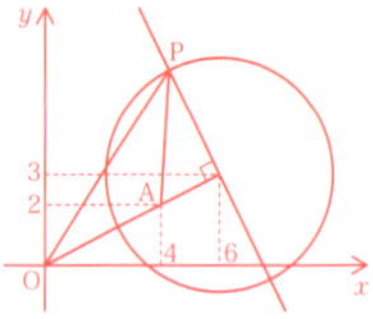
したがって $x^2+y^2=3\{(x-4)^2+(y-2)^2\}$
$x^2+y^2=3(x-4)^2+3(y-2)^2$
$x^2+y^2=3x^2-24x+48+3y^2-12y+12$
整理すると $2x^2-24x+48+2y^2-12y+12=0$
$x^2-12x+y^2-6y=-30$
$(x^2-12x+36)+(y^2-6y+9)=-30+36+9$
$(x-6)^2+(y-3)^2=15$ ……①

よって
Cの中心(6, 3)は直線OA上にあるから，
△OAPの高さの最大値は，円Cの半径$\sqrt{15}$であり，
△OAPの面積の最大値は
$\dfrac{1}{2}OA\cdot\sqrt{15}=\dfrac{1}{2}\cdot\sqrt{4^2+2^2}\cdot\sqrt{15}$ ← OAを底辺として考える
$=\dfrac{1}{2}\cdot 2\sqrt{5}\cdot\sqrt{15}$
$=5\sqrt{3}$

さらに，そのときの点Pは，中心(6, 3)を通り直線OAに垂直な直線と円Cの交点である。
直線OAの傾きは$\dfrac{1}{2}$であるから，中心(6, 3)を通り，直線OAに垂直な直線の方程式は
$y-3=-2(x-6)$
$y=-2x+15$ ……②

②を①に代入して $(x-6)^2+(-2x+15-3)^2=15$
$x^2-12x+36+4x^2-48x+144=15$
整理すると $5x^2-60x+165=0$
$x^2-12x+33=0$

これを解くと $x=\dfrac{12\pm\sqrt{(-12)^2-4\cdot 33}}{2}$
$=\dfrac{12\pm 2\sqrt{3}}{2}$
$=6\pm\sqrt{3}$

②より $x=6+\sqrt{3}$ のとき $y=-2(6+\sqrt{3})+15$
$=3-2\sqrt{3}$
$x=6-\sqrt{3}$ のとき $y=-2(6-\sqrt{3})+15$
$=3+2\sqrt{3}$

よって，求める点Pの座標は $(6+\sqrt{3}, 3-2\sqrt{3})$または$(6-\sqrt{3}, 3+2\sqrt{3})$

| ア | =3 | イ | =6 | ウ | =3 | エオ | =15 | カキ | =15 | ク | =5 | ケ | =3 |
| コ | =6 | サ | =3 | シ | =3 | ス | =2 | セ | =3 |

センター試験にチャレンジ

3章 三角関数 （本文ページ → 94〜95）

---

1 $0 \leq \theta < \pi$ の範囲で関数 $f(\theta) = 3\cos 2\theta + 4\sin \theta$ を考える。

$\sin\theta = t$ とおけば，$\cos 2\theta = \boxed{ア} - \boxed{イ}t^{\boxed{ウ}}$ であるから

$y = f(\theta)$ とおくと $y = -\boxed{エ}t^{\boxed{ウ}} + \boxed{オ}t + \boxed{カ}$ である。

したがって，y の最大値は $\dfrac{\boxed{キク}}{3}$ であり，最小値は $\boxed{ケ}$ である。

また，α が $0 < \alpha < \dfrac{\pi}{2}$ を満たす角で，$f(\alpha) = 3$ のとき

$$\sin\left(\alpha + \dfrac{\pi}{6}\right) = \dfrac{\boxed{コ}\sqrt{\boxed{サ}} + \sqrt{\boxed{シ}}}{\boxed{ス}}$$

である。
　　　　　　　　　　　　　　　　　　　　　　（センター試験本試・改）

解説

$\sin\theta = t$ とおけば $\cos 2\theta = 1 - 2\sin^2\theta = 1 - 2t^2$

$y = f(\theta)$ とおくと $y = 3\cos 2\theta + 4\sin\theta$

$\quad = 3(1-2t^2) + 4t$

$\quad = -6t^2 + 4t + 3$

$\quad = -6\left(t^2 - \dfrac{2}{3}t + \dfrac{1}{9} - \dfrac{1}{9}\right) + 3$

$\quad = -6\left(t - \dfrac{1}{3}\right)^2 + \dfrac{11}{3}$

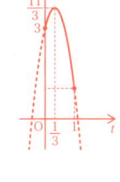

$t = \sin\theta$ より $0 \leq \theta < \pi$ の範囲では $0 \leq t \leq 1$ であるから

y は $t = \dfrac{1}{3}$ のとき最大値 $\dfrac{11}{3}$，$t=1$ のとき最小値 1 をとる。

また，$f(\alpha) = 3$ から $y = 3$ とすると $-6t^2 + 4t + 3 = 3$

$3t^2 - 2t = 0$

$t(3t - 2) = 0$

$t = 0$ または $t = \dfrac{2}{3}$

さらに $t = \sin\alpha$ とすると $0 < \alpha < \dfrac{\pi}{2}$ より $0 < \sin\alpha < 1$ であるから

$t = \sin\alpha = \dfrac{2}{3}$

$\cos\alpha > 0$ であるから $\cos\alpha = \sqrt{1 - \sin^2\alpha}$

$\quad = \sqrt{1 - \left(\dfrac{2}{3}\right)^2} = \sqrt{\dfrac{5}{9}} = \dfrac{\sqrt{5}}{3}$

よって，$\sin\left(\alpha + \dfrac{\pi}{6}\right) = \sin\alpha\cos\dfrac{\pi}{6} + \cos\alpha\sin\dfrac{\pi}{6}$

$\quad = \dfrac{2}{3}\cdot\dfrac{\sqrt{3}}{2} + \dfrac{\sqrt{5}}{3}\cdot\dfrac{1}{2}$

$\quad = \dfrac{2\sqrt{3} + \sqrt{5}}{6}$

| ア | = 1 | イ | = 2 | ウ | = 2 | エ | = 6 | オ | = 4 | カ | = 3 | キク | = 11 |
| ケ | = 1 | コ | = 2 | サ | = 3 | シ | = 5 | ス | = 6 |

---

2 $0 \leq \theta < \pi$ の範囲で定義された関数 $f(\theta) = \cos^2\theta + \sin\theta\cos\theta$ の最大値を求めよう。

$\cos^2\theta = \dfrac{1}{\boxed{ア}}(\cos 2\theta + \boxed{イ})$，$\sin\theta\cos\theta = \dfrac{1}{\boxed{ウ}}\sin 2\theta$ であるから

$f(\theta) = \dfrac{\sqrt{\boxed{エ}}}{\boxed{オ}}\sin\left(2\theta + \dfrac{\pi}{\boxed{カ}}\right) + \dfrac{1}{\boxed{ア}}$ である。

ここで，$2\theta + \dfrac{\pi}{\boxed{カ}}$ のとり得る値の範囲は $\dfrac{\pi}{\boxed{カ}} \leq 2\theta + \dfrac{\pi}{\boxed{カ}} < 2\pi + \dfrac{\pi}{\boxed{カ}}$ であるから

$f(\theta)$ は $\theta = \dfrac{\pi}{\boxed{キ}}$ のとき 最大値 $\dfrac{\sqrt{\boxed{ク}} + \boxed{ケ}}{\boxed{コ}}$ をとる。

　　　　　　　　　　　　　　　　　　　　　　（センター試験追試）

解説

$\cos 2\theta = 2\cos^2\theta - 1$ から $\cos^2\theta = \dfrac{1}{2}(\cos 2\theta + 1)$

$\sin 2\theta = 2\sin\theta\cos\theta$ から $\sin\theta\cos\theta = \dfrac{1}{2}\sin 2\theta$

したがって $f(\theta) = \cos^2\theta + \sin\theta\cos\theta$

$\quad = \dfrac{1}{2}(\cos 2\theta + 1) + \dfrac{1}{2}\sin 2\theta$

$\quad = \dfrac{1}{2}(\sin 2\theta + \cos 2\theta) + \dfrac{1}{2}$

$\quad = \dfrac{1}{2}\cdot\sqrt{2}\left(\dfrac{1}{\sqrt{2}}\sin 2\theta + \dfrac{1}{\sqrt{2}}\cos 2\theta\right) + \dfrac{1}{2}$

← $a\sin\theta + b\cos\theta = \sqrt{a^2+b^2}\sin(\theta+\alpha)$
　ただし，$\cos\alpha = \dfrac{a}{\sqrt{a^2+b^2}}$，$\sin\alpha = \dfrac{b}{\sqrt{a^2+b^2}}$

$\quad = \dfrac{\sqrt{2}}{2}\sin\left(2\theta + \dfrac{\pi}{4}\right) + \dfrac{1}{2}$ …①

ここで，$0 \leq \theta < \pi$ であるから $0 \leq 2\theta < 2\pi$

$\dfrac{\pi}{4} \leq 2\theta + \dfrac{\pi}{4} < 2\pi + \dfrac{\pi}{4}$

よって，$\sin\left(2\theta + \dfrac{\pi}{4}\right)$ は $2\theta + \dfrac{\pi}{4} = \dfrac{\pi}{2}$

すなわち $\theta = \dfrac{\pi}{8}$ のとき最大値 1 をとるから，① より

$f(\theta)$ は $\theta = \dfrac{\pi}{8}$ のとき最大値 $\dfrac{\sqrt{2}}{2}\cdot 1 + \dfrac{1}{2} = \dfrac{\sqrt{2}+1}{2}$ をとる。

| ア | = 2 | イ | = 1 | ウ | = 2 | エ | = 2 | オ | = 2 | カ | = 4 | キ | = 8 |
| ク | = 2 | ケ | = 1 | コ | = 2 |

---

3 $0 \leq \theta < 2\pi$ の範囲で，$5\sin\theta - 3\cos 2\theta = 3$ …（*）を満たす θ について考えよう。

方程式（*）を $\sin\theta$ を用いて表すと $\boxed{ア}\sin^2\theta + 5\sin\theta - \boxed{イ} = 0$ となる。

したがって，$-1 \leq \sin\theta \leq 1$ より $\sin\theta = \dfrac{\boxed{ウ}}{\boxed{エ}}$ であり，$0 \leq \theta < 2\pi$ の範囲でこの等式を満たす θ のうち，小さい方を θ_1，大きい方を θ_2 とすると $\cos\theta_1 = \dfrac{\sqrt{\boxed{オ}}}{\boxed{エ}}$，$\cos\theta_2 = \dfrac{\boxed{カ}\sqrt{\boxed{オ}}}{\boxed{エ}}$ である。

θ_1 について不等式 $\boxed{キ}$ が成り立つ。$\boxed{キ}$ に当てはまるものを，次の ⓪〜⑤ のうちから一つ選べ。

⓪ $0 < \theta_1 < \dfrac{\pi}{12}$　① $\dfrac{\pi}{12} < \theta_1 < \dfrac{\pi}{6}$　② $\dfrac{\pi}{6} < \theta_1 < \dfrac{\pi}{5}$

③ $\dfrac{\pi}{5} < \theta_1 < \dfrac{\pi}{4}$　④ $\dfrac{\pi}{4} < \theta_1 < \dfrac{\pi}{3}$　⑤ $\dfrac{\pi}{3} < \theta_1 < \dfrac{\pi}{2}$

ただし，必要ならば，次の値 $\cos\dfrac{\pi}{5} = \dfrac{1+\sqrt{5}}{4}$，$\cos\dfrac{\pi}{12} = \dfrac{\sqrt{6}+\sqrt{2}}{4}$ を用いてもよい。

　　　　　　　　　　　　　　　　　　　　　　（センター試験本試・改）

解説

$\cos 2\theta = 1 - 2\sin^2\theta$ を（*）に代入すると

$5\sin\theta - 3(1 - 2\sin^2\theta) = 3$

$6\sin^2\theta + 5\sin\theta - 6 = 0$

$(3\sin\theta - 2)(2\sin\theta + 3) = 0$

$-1 \leq \sin\theta \leq 1$ より $\sin\theta = \dfrac{2}{3}$ …①

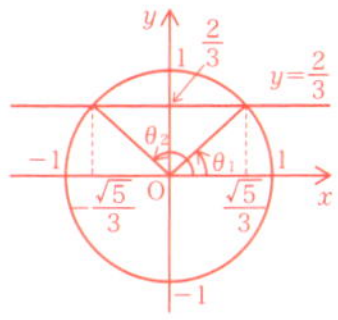

$0 \leq \theta < 2\pi$ の範囲でこの等式①を満たす角 θ のうち，

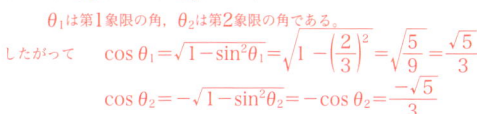

小さい方を θ_1，大きい方を θ_2 とすると，

θ_1 は第1象限の角，θ_2 は第2象限の角である。

したがって $\cos\theta_1 = \sqrt{1 - \sin^2\theta_1} = \sqrt{1 - \left(\dfrac{2}{3}\right)^2} = \sqrt{\dfrac{5}{9}} = \dfrac{\sqrt{5}}{3}$

$\cos\theta_2 = -\sqrt{1 - \sin^2\theta_2} = -\cos\theta_1 = \dfrac{-\sqrt{5}}{3}$

ここで，$\cos\theta_1 = \dfrac{\sqrt{5}}{3} \fallingdotseq \dfrac{2.236}{3} = 0.745\cdots$，

$\cos\dfrac{\pi}{2} = 0$，$\cos\dfrac{\pi}{3} = \dfrac{1}{2}$，$\cos\dfrac{\pi}{4} = \dfrac{\sqrt{2}}{2} = \dfrac{1.414}{2} = 0.707$，

$\cos\dfrac{\pi}{5} = \dfrac{1+\sqrt{5}}{4} = \dfrac{1+2.236}{4} = 0.809$

であるから $\cos\dfrac{\pi}{4} < \cos\theta_1 < \cos\dfrac{\pi}{5}$

よって $\dfrac{\pi}{5} < \theta_1 < \dfrac{\pi}{4}$ が成り立つ。

| ア | = 6 | イ | = 6 | ウ | = 2 | エ | = 3 | オ | = 5 | カ | = - | キ | = ③ |

センター試験にチャレンジ

本文ページ → 116～117
4章 指数関数と対数関数

1

$a>0$, $a\neq 1$ として 不等式 $2\log_a(8-x)>\log_a(x-2)$ ……① を満たす x の値の範囲を求めよう。

真数は正であるから，$\boxed{ア}<x<\boxed{イ}$ が成り立つ。
ただし，対数 $\log_a b$ に対し，a を底といい，b を真数という。
底 a が $a<1$ を満たすとき，不等式①は $x^2-\boxed{ウエ}x+\boxed{オカ}\boxed{キ}0$ ……② となる。
ただし，$\boxed{キ}$ については，当てはまるものを，次の⓪～②のうちから一つ選べ。

⓪ $<$ ① $=$ ② $>$

したがって，真数が正であることと②から，$a<1$ のとき，不等式①を満たす x のとり得る値の範囲は $\boxed{ク}<x<\boxed{ケ}$ である。
同様にして，$a>1$ のときには，不等式①を満たす x のとり得る値の範囲は $\boxed{コ}<x<\boxed{サ}$ であることがわかる。

（センター試験本試）

解説

真数は正であるから $8-x>0$ かつ $x-2>0$
したがって $2<x<8$ ……③
①から $\log_a(8-x)^2>\log_a(x-2)$
$a<1$ のとき（底が1より小さいから）$(8-x)^2<x-2$
整理すると $x^2-17x+66<0$
$(x-6)(x-11)<0$
$6<x<11$ ……④
③，④から，$a<1$ のとき，①を満たす x のとり得る値の範囲は $6<x<8$
$a>1$ のとき（底が1より大きいから）$(8-x)^2>x-2$
整理すると $x^2-17x+66>0$
$(x-6)(x-11)>0$
$x<6$，$11<x$ ……⑤
③，⑤から，$a>1$ のとき，①を満たす x のとり得る値の範囲は $2<x<6$

$\boxed{ア}=2$ $\boxed{イ}=8$ $\boxed{ウエ}=17$ $\boxed{オカ}=66$ $\boxed{キ}=⓪$ $\boxed{ク}=6$
$\boxed{ケ}=8$ $\boxed{コ}=2$ $\boxed{サ}=6$

2

方程式 $\dfrac{4}{(\sqrt{2})^x}+\dfrac{5}{2^x}=1$ の解 x を求めよう。

$X=\dfrac{1}{(\sqrt{2})^x}$ ……① とおくと，X の方程式 $\boxed{ア}X^2+\boxed{イ}X-1=0$ が得られる。
一方，①より $X>\boxed{ウ}$ である。したがって $X=\dfrac{\boxed{エ}}{\boxed{オ}}$ を得る。
これから，求める x は $x=\boxed{カ}\log_{\boxed{キ}}$ となる。

（センター試験本試）

解説

$\dfrac{4}{(\sqrt{2})^x}+\dfrac{5}{2^x}=1$ から $\dfrac{4}{(\sqrt{2})^x}+\dfrac{5}{\{(\sqrt{2})^2\}^x}=1$
したがって $\dfrac{4}{(\sqrt{2})^x}+\dfrac{5}{(\sqrt{2})^{2x}}=1$
$X=\dfrac{1}{(\sqrt{2})^x}$ ……① とおくと $X^2=\left\{\dfrac{1}{(\sqrt{2})^x}\right\}^2=\dfrac{1}{(\sqrt{2})^{2x}}$ であるから
X の方程式 $4X+5X^2=1$ すなわち $5X^2+4X-1=0$ が得られる
因数分解すると $(5X-1)(X+1)=0$
一方，①において $\dfrac{1}{(\sqrt{2})^x}>0$ であるから $X>0$
よって $X=\dfrac{1}{5}$
このとき，$\dfrac{1}{(\sqrt{2})^x}=\dfrac{1}{5}$
したがって，$(\sqrt{2})^x=5$ から $2^{\frac{x}{2}}=5$
$\dfrac{x}{2}=\log_2 5$
よって $x=2\log_2 5$

$\boxed{ア}=5$ $\boxed{イ}=4$ $\boxed{ウ}=0$ $\boxed{エ}=1$ $\boxed{オ}=5$ $\boxed{カ}=2$ $\boxed{キ}=5$

3

連立方程式 $(*)\begin{cases}xy=128 & ……①\\ \dfrac{1}{\log_2 x}+\dfrac{1}{\log_2 y}=\dfrac{7}{12} & ……②\end{cases}$ を満たす正の実数 x, y を求めよう。

ただし，$x\neq 1$, $y\neq 1$ とする。
①の両辺で2を底とする対数をとると $\log_2 x+\log_2 y=\boxed{ア}$ が成り立つ。
これと②より $(\log_2 x)(\log_2 y)=\boxed{イウ}$ である。
したがって $\log_2 x$, $\log_2 y$ は2次方程式 $t^2-\boxed{エ}t+\boxed{オカ}=0$ ……③ の解である。
③の解は $t=\boxed{キ}$, $\boxed{ク}$ である。ただし，$\boxed{キ}$ と $\boxed{ク}$ は解答の順序を問わない。
よって 連立方程式 $(*)$ の解は $(x, y)=(\boxed{ケ}, \boxed{コサ})$ または $(x, y)=(\boxed{コサ}, \boxed{ケ})$ である。

（センター試験本試）

解説

①において，両辺の2を底とする対数をとると
$\log_2 xy=\log_2 128$
$\log_2 x+\log_2 y=\log_2 2^7$
したがって，$\log_2 x+\log_2 y=7$ ……④
また，②の両辺に $12\times(\log_2 x)\times(\log_2 y)$ をかけると
$12\log_2 y+12\log_2 x=7(\log_2 x)(\log_2 y)$
$12(\log_2 x+\log_2 y)=7(\log_2 x)(\log_2 y)$
この等式に④を代入すると
$12\times 7=7(\log_2 x)(\log_2 y)$
$(\log_2 x)(\log_2 y)=12$ ……⑤
④，⑤より，解と係数の関係から，$\log_2 x$, $\log_2 y$ は
2次方程式 $t^2-7t+12=0$ ……③の解である。
③を解は $(t-3)(t-4)=0$ より $t=3$, 4 （または $t=4$, 3）
$3=\log_2 x$, $4=\log_2 y$ とすると $x=2^3=8$, $y=2^4=16$
$4=\log_2 x$, $3=\log_2 y$ とすると $x=2^4=16$, $y=2^3=8$
よって，連立方程式 $(*)$ の解は $(x, y)=(8, 16)$ または $(16, 8)$

$\boxed{ア}=7$ $\boxed{イウ}=12$ $\boxed{エ}=7$ $\boxed{オカ}=12$ $\boxed{キ}=3$ $\boxed{ク}=4$ $\boxed{ケ}=8$
$\boxed{コサ}=16$ （または $\boxed{キ}=4$, $\boxed{ク}=3$）

センター試験にチャレンジ

5章 微分と積分 本文ページ→144〜145

1
放物線 $y=-x^2+2x$ を C_1 とし、C_1 上に点 $P(a, -a^2+2a)$ をとる。ただし、a は $0<a<2$ を満たす定数とする。

(1) P における C_1 の接線 ℓ_1 の方程式は $y=\boxed{ア}(\boxed{イ}-\boxed{ウ})x+a^{\boxed{エ}}$ である。
原点 O における C_1 の接線を ℓ_2 とすると、ℓ_1 と ℓ_2 との交点 Q の座標は $\left(\dfrac{\boxed{オ}}{\boxed{カ}}, \boxed{キ}\right)$ である。

(2) 直線 $x=\dfrac{\boxed{オ}}{\boxed{カ}}$, ℓ_2 および C_1 で囲まれた図形の面積 S_1 は $S_1=\dfrac{a^{\boxed{ク}}}{\boxed{ケコ}}$ である。

(3) 放物線 $y=px^2+qx+r$ を C_2 とする。C_2 が3点 O, P, Q を通るとき、
$p=\boxed{サシ}$, $q=a+\boxed{ス}$, $r=\boxed{セ}$ となる。
このとき C_1 と C_2 で囲まれた図形の面積を S_2 とすると、$S_2=\dfrac{a^{\boxed{ソ}}}{\boxed{タ}}$ である。
したがって、$S_2=\boxed{チ}S_1$ が成り立つ。

(センター試験本試)

解説

(1) $y=-x^2+2x$ より $y'=-2x+2$
$x=a$ のとき $y'=-2a+2$
よって、接線 ℓ_1 は点 P を通り、傾き $-2a+2$ の直線で、その方程式は
$y-(-a^2+2a)=(-2a+2)(x-a)$
$y=2(1-a)x+a^2$
$x=0$ のとき、$y'=2$ であるから ℓ_2 は $y=2x$
ℓ_1, ℓ_2 の方程式から y を消去して $2x=(-2a+2)x+a^2$
$2ax=a^2$
$a\neq 0$ より $x=\dfrac{a}{2}$
ℓ_2 の方程式より $y=a$ となるので、点 Q の座標は $\left(\dfrac{a}{2}, a\right)$

(2) 右の図の斜線部分の面積が S_1 であるから
$S_1=\int_0^{\frac{a}{2}}\{2x-(-x^2+2x)\}dx$
$=\int_0^{\frac{a}{2}}x^2 dx=\left[\dfrac{1}{3}x^3\right]_0^{\frac{a}{2}}=\dfrac{a^3}{24}$

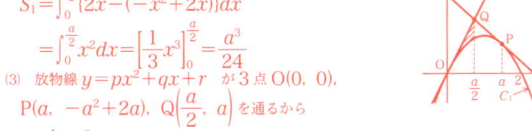

(3) 放物線 $y=px^2+qx+r$ が3点 $O(0,0)$, $P(a, -a^2+2a)$, $Q\left(\dfrac{a}{2}, a\right)$ を通るから
$\begin{cases} r=0 \\ -a^2+2a=pa^2+qa+r \\ a=\dfrac{pa^2}{4}+\dfrac{qa}{2}+r \end{cases}$
すなわち $\begin{cases} -a^2+2a=pa^2+qa \\ a=\dfrac{pa^2}{4}+\dfrac{qa}{2} \end{cases}$
$a(\neq 0)$ で割って、整理すると $ap+q=-a+2$, $ap+2q=4$
これを解いて $p=-2$, $q=a+2$, $r=0$
したがって、放物線 C_2 の方程式は $y=-2x^2+(a+2)x$
また、放物線 C_2 は点 Q を通ることから、放物線 C_1 より上側にある。
よって、$S_2=\int_0^a\{-2x^2+(a+2)x-(-x^2+2x)\}dx$
$=\int_0^a(-x^2+ax)dx$
$=\left[-\dfrac{1}{3}x^3+\dfrac{a}{2}x^2\right]_0^a$
$=-\dfrac{a^3}{3}+\dfrac{a^3}{2}=\dfrac{a^3}{6}$
S_1 と S_2 を比較して $S_2=4S_1$

ア=2	イ=1	ウ=a	エ=2	オ=a	カ=2
キ=a	ク=3	ケコ=24	サシ=-2	ス=2	セ=0
ソ=3	タ=6	チ=4			

2
a を正の実数とし、x の2次関数 $f(x)$, $g(x)$ を $f(x)=\dfrac{1}{8}x^2$, $g(x)=-x^2+3ax-2a^2$ とする。
また、放物線 $y=f(x)$ および $y=g(x)$ をそれぞれ C_1, C_2 とする。

(1) C_1 と C_2 の共通点を P とすると、点 P の座標は $\left(\dfrac{\boxed{ア}}{\boxed{イ}}a, \dfrac{\boxed{ウ}}{\boxed{エ}}a^2\right)$ である。
また、点 P における C_1 の接線の方程式は $y=\dfrac{\boxed{オ}}{\boxed{カ}}ax-\dfrac{\boxed{キ}}{\boxed{ク}}a^2$ である。

(2) C_1 と x 軸および直線 $x=2$ で囲まれた図形の面積を $\dfrac{\boxed{ケ}}{\boxed{コ}}$ である。また、C_2 と x 軸の交点の x 座標は $\boxed{サ}$, $\boxed{シス}$ であり、C_2 と x 軸で囲まれた図形の面積は $\dfrac{a^{\boxed{セ}}}{\boxed{ソ}}$ である。(センター試験本試)

解説

(1) 点 P の x 座標は、方程式 $f(x)=g(x)$ の解であるから
$\dfrac{1}{8}x^2=-x^2+3ax-2a^2$
整理すると $9x^2-24ax+16a^2=0$
$(3x-4a)^2=0$, $x=\dfrac{4}{3}a$
$f\left(\dfrac{4}{3}a\right)=\dfrac{1}{8}\cdot\left(\dfrac{4}{3}a\right)^2=\dfrac{2}{9}a^2$ であるから、$P\left(\dfrac{4}{3}a, \dfrac{2}{9}a^2\right)$
また、$f'(x)=\dfrac{1}{4}x$ より $f'\left(\dfrac{4}{3}a\right)=\dfrac{1}{3}a$ であるから
点 P における C_1 の接線の方程式は $y-\dfrac{2}{9}a^2=\dfrac{1}{3}a\left(x-\dfrac{4}{3}a\right)$
すなわち $y=\dfrac{1}{3}ax-\dfrac{2}{9}a^2$

(2) C_1 と x 軸および直線 $x=2$ で囲まれた図形の面積を S_1 とすると
$S_1=\int_0^2\dfrac{1}{8}x^2 dx=\left[\dfrac{1}{24}x^3\right]_0^2=\dfrac{1}{3}$ 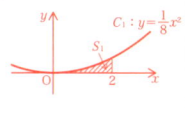
また、$g(x)=0$ とすると $-x^2+3ax-2a^2=0$
$(x-a)(x-2a)=0$
$x=a, 2a$
であるから、C_2 と x 軸の交点の x 座標は $a, 2a$ である。
C_2 と x 軸で囲まれた図形の面積を S_2 とすると
$S_2=\int_a^{2a}(-x^2+3ax-2a^2)dx$
$=\left[-\dfrac{1}{3}x^3+\dfrac{3}{2}ax^2-2a^2x\right]_a^{2a}$
$=-\dfrac{8}{3}a^3+6a^3-4a^3-\left(-\dfrac{1}{3}a^3+\dfrac{3}{2}a^3-2a^3\right)=\dfrac{1}{6}a^3$

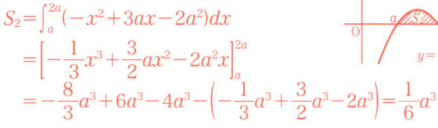

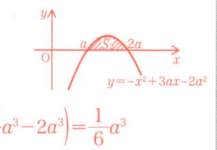

ア=4	イ=3	ウ=2	エ=9	オ=1	カ=3
キ=2	ク=9	ケ=1	コ=3	サ=a	シス=2a
セ=1	ソ=6				

3
座標平面において放物線 $y=x^2$ を C とし、直線 $y=ax$ を ℓ とする。ただし、$0<a<1$ とする。C と ℓ で囲まれた図形の面積を S_1 とし、次に C と ℓ と 直線 $x=1$ で囲まれた図形の面積を S_2 とする。

(1) S_1 は $S_1=\dfrac{\boxed{ア}^{\boxed{ウ}}}{\boxed{イ}}$ と表される。

(2) 二つの面積の和 $S=S_1+S_2$ は $S=\dfrac{1}{\boxed{エ}}a^{\boxed{オ}}-\dfrac{1}{\boxed{カ}}a+\dfrac{1}{\boxed{キ}}$ と表される。

(3) S は $a=\dfrac{\sqrt{\boxed{ク}}}{\boxed{ケ}}$ のとき最小値 $\dfrac{\boxed{コ}}{\boxed{サ}}-\dfrac{\sqrt{\boxed{シ}}}{\boxed{ス}}$ をとる。

(センター試験追試)

解説

(1) $S_1=\int_0^a(ax-x^2)dx=\left[\dfrac{1}{2}ax^2-\dfrac{1}{3}x^3\right]_0^a=\dfrac{1}{6}a^3$

(2) $S_2=\int_a^1(x^2-ax)dx=\left[\dfrac{1}{3}x^3-\dfrac{1}{2}ax^2\right]_a^1$
$=\dfrac{1}{3}-\dfrac{1}{2}a-\left(\dfrac{1}{3}a^3-\dfrac{1}{2}a^3\right)$
$=\dfrac{1}{6}a^3-\dfrac{1}{2}a+\dfrac{1}{3}$ 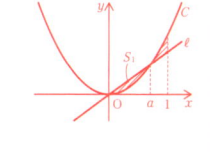
よって、$S=S_1+S_2=\dfrac{1}{3}a^3-\dfrac{1}{2}a+\dfrac{1}{3}$

(3) $S=\dfrac{1}{3}a^3-\dfrac{1}{2}a+\dfrac{1}{3}$
の両辺を a で微分すると
$\dfrac{dS}{da}=a^2-\dfrac{1}{2}=\left(a+\dfrac{1}{\sqrt{2}}\right)\left(a-\dfrac{1}{\sqrt{2}}\right)$
したがって、$0<a<1$ における S の増減表は次のようになる。

a	0	…	$\dfrac{\sqrt{2}}{2}$	…	1
$\dfrac{dS}{da}$		−	0	+	
S		↘	極小 $\dfrac{1}{3}-\dfrac{\sqrt{2}}{6}$	↗	

よって、S は $a=\dfrac{\sqrt{2}}{2}$ のとき極小かつ最小となる。
最小値 $\dfrac{1}{3}\left(\dfrac{\sqrt{2}}{2}\right)^3-\dfrac{1}{2}\left(\dfrac{\sqrt{2}}{2}\right)+\dfrac{1}{3}=\dfrac{1}{3}-\dfrac{\sqrt{2}}{6}$

| ア=1 | イ=6 | ウ=3 | エ=3 | オ=3 | カ=2 | キ=3 |
| ク=2 | ケ=2 | コ=1 | サ=3 | シ=2 | ス=6 | |